论仪德并筑器件

致广大而尽精微

中国科学院院长 白春礼院士 题

白春礼

戊戌春月

中国科学院科学出版基金资助出版

低维材料与器件丛书

成会明 总主编

石墨烯：化学剥离与组装

杨全红 张 辰 孔德斌 著

科学出版社

北 京

内 容 简 介

本书为"低维材料与器件丛书"之一。石墨烯是最简单的碳功能材料，又是 sp^2 碳材料的基本结构单元。理解石墨烯"从碳中来，到碳中去"的结构特征，对石墨烯的基础研究和应用拓展都具有重要意义。本书围绕石墨烯的化学剥离与组装方法学展开讨论，并展望了石墨烯未来发展脉络。对化学剥离法制备石墨烯的化学机制、研究进展、宏量制备和应用前景以及存在的问题和挑战做了系统的阐述和分析；同时梳理了石墨烯的组装方法，对组装机制、基于石墨烯的新型碳基材料制备和应用进行了总结和评述。

本书深入浅出，既具有较高的学术价值，可供学术同行参考，也可作为志在石墨烯研究的青年学子的入门书，同时对从事石墨烯应用研究和产业化推进的企业界人士具有重要的参考价值。

图书在版编目（CIP）数据

石墨烯：化学剥离与组装 / 杨全红，张辰，孔德斌著. —北京：科学出版社，2020.4

（低维材料与器件丛书 / 成会明总主编）

ISBN 978-7-03-064309-4

Ⅰ. ①石… Ⅱ. ①杨… ②张… ③孔… Ⅲ. ①石墨—纳米材料—研究 Ⅳ. ①TB383

中国版本图书馆 CIP 数据核字（2020）第 018544 号

责任编辑：翁靖一 孙静惠 / 责任校对：杜子昂
责任印制：赵 博 / 封面设计：耕者设计工作室

科 学 出 版 社 出版
北京东黄城根北街 16 号
邮政编码：100717
http://www.sciencep.com

涿州市殷润文化传播有限公司印刷
科学出版社发行 各地新华书店经销
*
2020 年 4 月第 一 版 开本：720×1000 1/16
2024 年 7 月第三次印刷 印张：10 1/2
字数：211 000
定价：138.00 元

（如有印装质量问题，我社负责调换）

总　序

人类社会的发展水平，多以材料作为主要标志。在我国近年来颁发的《国家创新驱动发展战略纲要》、《国家中长期科学和技术发展规划纲要（2006—2020年）》、《"十三五"国家科技创新规划》和《中国制造2025》中，材料都是重点发展的领域之一。

随着科学技术的不断进步和发展，人们对信息、显示和传感等各类器件的要求越来越高，包括高性能化、小型化、多功能、智能化、节能环保，甚至自驱动、柔性可穿戴、健康全时监/检测等。这些要求对材料和器件提出了巨大的挑战，各种新材料、新器件应运而生。特别是自20世纪80年代以来，科学家们发现和制备出一系列低维材料（如零维的量子点、一维的纳米管和纳米线、二维的石墨烯和石墨炔等新材料），它们具有独特的结构和优异的性质，有望满足未来社会对材料和器件多功能化的要求，因而相关基础研究和应用技术的发展受到了全世界各国政府、学术界、工业界的高度重视。其中富勒烯和石墨烯这两种低维碳材料的发现者还分别获得了1996年诺贝尔化学奖和2010年诺贝尔物理学奖。由此可见，在新材料中，低维材料占据了非常重要的地位，是当前材料科学的研究前沿，也是材料科学、软物质科学、物理、化学、工程等领域的重要交叉，其覆盖面广，包含了很多基础科学问题和关键技术问题，尤其在结构上的多样性、加工上的多尺度性、应用上的广泛性等使该领域具有很强的生命力，其研究和应用前景极为广阔。

我国是富勒烯、量子点、碳纳米管、石墨烯、纳米线、二维原子晶体等低维材料研究、生产和应用开发的大国，科研工作者众多，每年在这些领域发表的学术论文和授权专利的数量已经位居世界第一，相关器件应用的研究与开发也方兴未艾。在这种大背景和环境下，及时总结并编撰出版一套高水平、全面、系统地反映低维材料与器件这一国际学科前沿领域的基础科学原理、最新研究进展及未来发展和应用趋势的系列学术著作，对于形成新的完整知识体系，推动我国低维材料与器件的发展，实现优秀科技成果的传承与传播，推动其在新能源、信息、光电、生命健康、环保、航空航天等战略新兴领域的应用开发具有划时代的意义。

为此，我接受科学出版社的邀请，组织活跃在科研第一线的三十多位优秀科学家积极撰写"低维材料与器件丛书"，内容涵盖了量子点、纳米管、纳米线、石墨烯、石墨炔、二维原子晶体、拓扑绝缘体等低维材料的结构、物性及其制备方法，并全面探讨了低维材料在信息、光电、传感、生物医用、健康、新能源、环境保护等领域的应用，具有学术水平高、系统性强、涵盖面广、时效性高和引领性强等特点。本套丛书的特色鲜明，不仅全面、系统地总结和归纳了国内外在低维材料与器件领域的优秀科研成果，展示了该领域研究的主流和发展趋势，而且反映了编著者在各自研究领域多年形成的大量原始创新研究成果，将有利于提升我国在这一前沿领域的学术水平和国际地位、创造战略新兴产业，并为我国产业升级、提升国家核心竞争力提供学科基础。同时，这套丛书的成功出版将使更多的年轻研究人员和研究生获取更为系统、更前沿的知识，有利于低维材料与器件领域青年人才的培养。

历经一年半的时间，这套"低维材料与器件丛书"即将问世。在此，我衷心感谢李玉良院士、谢毅院士、俞书宏教授、谢素原教授、张跃教授、康飞宇教授、张锦教授等诸位专家学者积极热心的参与，正是在大家认真负责、无私奉献、齐心协力下才顺利完成了丛书各分册的撰写工作。最后，也要感谢科学出版社各级领导和编辑，特别是翁靖一编辑，为这套丛书的策划和出版所做出的一切努力。

材料科学创造了众多奇迹，并仍然在创造奇迹。相比于常见的基础材料，低维材料是高新技术产业和先进制造业的基础。我衷心地希望更多的科学家、工程师、企业家、研究生投身于低维材料与器件的研究、开发及应用行列，共同推动人类科技文明的进步！

成会明

中国科学院院士，发展中国家科学院院士
清华大学，清华-伯克利深圳学院，低维材料与器件实验室主任
中国科学院金属研究所，沈阳材料科学国家研究中心先进炭材料研究部主任
Energy Storage Materials 主编
SCIENCE CHINA Materials 副主编

前　言

　　碳材料是一种古老而年轻的材料，与人类生活息息相关。小到日常生活中的铅笔芯，大到航天航空设备中的结构材料，碳材料在电子、航天、催化、传感、储能及环境保护等领域均扮演着重要的角色。碳材料丰富而又奇特的性质来源于碳材料家族的多样性。石墨烯是结构最为简单的碳材料，也可看作所有 sp^2 碳材料的基本结构单元，是理解碳材料的重要载体。作为结构单元，石墨烯可以构建丰富的二次结构，如可以翘曲形成零维的富勒烯、卷曲形成一维的碳纳米管、堆垛形成三维的体相石墨；而在电化学储能体系中应用广泛的活性炭，也可以看作富含缺陷的石墨烯片层杂乱堆叠形成的多孔体系。因此，理解石墨烯制备过程中的"自上而下"解理制备过程和"自下而上"组装应用机制，充分发挥石墨烯"从碳中来，到碳中去"的基石角色，是石墨烯和碳材料领域的重要研究方向，对推动石墨烯在先进电池、光电催化、航天航空及环境保护等领域的产业化应用具有重要意义。

　　天津大学杨全红教授团队（NanoYang 课题组）在国家重大科学研究计划和国家自然科学基金的持续支持下，深耕石墨烯基碳材料的制备与应用，聚焦石墨烯组装机制研究，坚持"做有用的研究，讲有趣的故事"。本书的目的是提高读者对石墨烯的化学剥离与组装的系统认识，使读者认识到化学剥离与组装技术在石墨烯走向实际应用中的重要性，了解化学剥离方法制备石墨烯的设计策略和研究进展，为加速石墨烯的实用化提供理论和技术支持。

　　本书围绕石墨烯的化学剥离方法与组装技术，系统阐述了石墨烯从化学剥离到组装过程中的方法与策略。本书共 8 章：第 1 章概述了石墨烯的基本特征和发展历史；第 2 章阐述了石墨烯"自上而下"与"自下而上"制备策略；第 3 章系统阐述了从石墨的插层和氧化到石墨烯化学剥离的制备方法；第 4 章详细介绍了热化学解理这一具有宏量制备前景的方法，以及石墨烯作为锂离子电池导电剂的应用范例；第 5 章讨论了从氧化石墨烯到石墨烯转变过程中的化学机制与结构演化；第 6 章阐述了氧化石墨烯在气/液、液/液、固/液界面的组装行为；第 7 章着重介绍了功能化石墨烯的液相组装，并提出液相组装是制备碳材料的一种重要策略；第 8 章对石墨烯的宏量制备与应用发展趋势和面临的挑战做了系统评述。

　　本书基于 NanoYang 课题组在石墨烯宏量制备及界面组装十余年的研究基础，旨在对石墨烯的化学剥离和组装方法论做系统阐述，对研究现状和未来发展趋势进行总结和讨论，是 NanoYang 课题组的集体智慧结晶。全书由杨全红、张辰和孔德斌负责书稿的撰写、统筹和修改工作。其中，杨全红教授提出了本书的主体学术思想，并统筹安排本书整体撰写思路和内容架构设计。诚挚感谢 NanoYang 课题组各位老师和同学的科研贡献，特别感谢吕伟、苏方远、吴思达、谢小英、邵姣婧、陶莹、魏伟、郑晓雨、梁家琛、李德望、肖菁、汪露、李培、化五星、李琦、李宛唐和陆子洋等在本书撰写、修改、校稿过程中给予的大力支持与帮助。

衷心感谢国家自然科学基金项目（50972101、51072131、51372167、U1401243、51525204、51872195）和国家重大科学研究计划项目（2014CB932400）等对相关研究的长期资助和大力支持。诚挚感谢成会明院士和"低维材料与器件丛书"编委会对本书撰写的指导和建议。特别感谢科学出版社领导和翁靖一编辑在本书出版过程中给予的大力帮助。

石墨烯作为一种新型功能材料正走进千家万户，随着"杀手锏"应用的逐渐涌现，其大规模应用必将"梦想照进现实"！谨以本书献给从事石墨烯剥离与组装方法学研究的同行、志在石墨烯研究的青年学子，期待本书对从事石墨烯应用研究和产业化推进的企业界人士有参考价值。

由于石墨烯剥离与组装方法学的研究仍在快速发展，新知识、新理论不断涌现，加之著者经验不足，书中不妥之处在所难免，希望专家和读者提出宝贵意见，以便及时补充和修改。

2019 年 11 月

目　录

第1章 绪　论

1.1 ▶ 梦想照进现实——三种碳纳米材料的发现美学

　　从富勒烯、碳纳米管到石墨烯，过去 35 年见证了碳的三种同素异形体的发现和快速发展。石墨烯作为一种理想的二维碳纳米结构，表现出很多奇特的物理化学性质。物理学家和化学家对待石墨烯不同的研究视角以及石墨烯对于物理学家和化学家的不同意义在于：前者的任务是发现极限结构的奇特性质，而后者着眼于基于石墨烯的碳纳米结构的可控构建和有效调控。

　　碳元素由于其独特的 sp、sp^2、sp^3 三种杂化形式，构筑了丰富多彩的碳质材料。近年来，从零维的富勒烯、一维的碳纳米管到二维的石墨烯，碳的同素异形体不断被丰富；这三种材料的发现者也分别被授予 1996 年诺贝尔化学奖、2008 年 Kavli 纳米科学奖和 2010 年诺贝尔物理学奖[1]。这三种材料发现过程所体现的各具特色的曲折性，恰恰折射出科学研究的魅力。

1.1.1　富勒烯——意外之美

　　富勒烯的发现体现了"意外之美"。虽然科学家们曾预测了这样的球形碳结构并数次与之擦肩而过，但不会有人想到几位科学家在模拟星际尘埃的实验中可以"意外"收获堪称"完美对称"的球形分子 C_{60}[2]。意外之美，是对科学探索过程最美丽的诠释。

1.1.2　碳纳米管——失落之美

　　虽然在电镜下科学家首次揭示了一维管状碳的魅力和科学意义，但究竟是谁首先发现了碳纳米管至今还有很多争议；与富勒烯和石墨烯相比，构效关系堪称"简单造就神奇"的碳纳米管的发现者至今没有摘得诺贝尔奖桂冠。失落之美，或许是对在其与诺贝尔奖擦肩而过以及在其发现过程中做出杰出贡献的众多科学家最好的慰藉[3]。

1.1.3　石墨烯——追寻之美

从 20 世纪 50 年代开始的氧化石墨的规模制备，到 2004 年 Geim 等将石墨烯从高定向石墨上成功剥离，可以用"追寻之美"来为石墨烯的发现历程做一个注脚[4]。

从石墨的层状结构被确定以后，科学家们便一直被一种情结所困扰：理论研究表明，自由状态的二维碳晶体热力学不稳定，不可能存在；但科学家们却一直在尝试获得稳定的单层石墨片，进行着"追梦之旅"。近 30 年来，零维的单层富勒烯和一维的单壁碳纳米管相继被发现，让科学家们看到制备单层石墨烯片的一丝曙光。1988 年，日本东北大学京谷隆（Takashi Kyotani）教授采用模板技术，以丙烯腈为碳源，在层状材料蒙脱土的层间得到了结构完整的单层石墨烯片，但是这种石墨烯片在脱除模板后不能单独存在，很快会形成高度取向的体相石墨[5]。

直至 2004 年，"梦想照进现实"——Geim 教授课题组运用机械剥离法成功制备石墨烯，并将其悬挂于微型金架上。这一结果震惊了科学界，从而推翻了"完美二维晶体结构无法在非 0 K 下稳定存在"这一论断。换言之，自由态的石墨烯在室温下可以稳定存在；而在相同条件下，其他任何已知材料都会被氧化或分解，甚至在相当于其单层厚度 10 倍时依然不稳定[6]。

从结构上说，石墨烯（graphene）是二维蜂窝状的 sp^2 杂化单层碳原子晶体。单个碳原子的厚度仅有 0.335 nm，自由态的二维晶体结构——石墨烯是目前世界上人工制得的最薄物质。石墨烯的结构简单，但正是这种"简单"衍生出很多迷人的物性，其优异的电子传导性和其他不断涌现的奇特性质激励着科学家们去求索。

Geim 认为，二维结构是最理想的基础物理研究平台，短短的几年时间里，石墨烯优异的力学、电学、热学、光学性质被相继发现[1]。纽约时报评价："石墨烯的出现，使现代物理变得愈发丰富了"，这是 Geim 和 Novoselov 在 *Science* 期刊上发表那篇足以载入史册的文章 6 年后即获得诺贝尔物理学奖的重要原因；物理学家关注石墨烯，主要是期待发现二维极限结构的奇特性质，从而构筑超快、超强、超高的纳米器件[7]。

在物理学家欢呼石墨烯出现的同时，化学家则从另外的视角去审视石墨烯。石墨烯具有超大的理论比表面积，加之单片层结构赋予其独特的化学和电化学活性。以石墨烯作为源头材料构建特定结构的碳基材料，从而实现碳质功能材料纳米结构的设计和调控以及宏量制备成为研究热点[8]。近两年，基于石墨烯可控组装的薄膜材料、气凝胶、炭泡沫等陆续出现，实践着化学家的各种组装设计[9, 10]。

不论物理学家的期许还是化学家的企望，石墨烯的可控制备都是促进其基础研究和应用拓展的基础。石墨烯的制备，一方面是要获得无限趋近于零缺陷的完美二维晶体，用于发现奇特的物理化学性质和组装趋近完美的碳纳米结构，这是石墨烯研究的终极目标；另一方面降低成本宏量制备石墨烯材料，应用于可以容忍少量缺陷甚至利用缺陷的领域（如储能、催化领域），这是石墨烯这一新材料得到产业界认可、快速发展的必由之路。

世界上众多科研团队以极大的热忱投入到石墨烯的制备研究中，不断有新的制备方法被开发。在目前几种主要的制备方法中，机械剥离法、晶体表面外延生长法、化学气相沉积法等常用于上述第一种研究——组建完美的石墨烯纳米结构；而基于氧化石墨的化学解理法被认为是一种最可能实现石墨烯产业化制备的重要方法，化学家无疑在其中扮演着至关重要的角色[11]。

化学解理的思想从 19 世纪开始发展，到 20 世纪 50 年代趋向成熟[12]。其主要思路是：通过氧化等方法在石墨的层间引入含氧基团以增大层间距、部分改变碳原子的杂化状态，从而减小石墨的层间相互作用；然后通过快速加热或者超声处理等方法实现石墨的层层剥离，获得功能化的石墨烯。基于快速加热的热化学解理，在热处理过程中，同步实现石墨烯片层的解理和含氧基团的脱除（还原），工艺简单，易于产业化[13]。

目前主要的热化学解理方法是对氧化石墨进行快速高温处理（高温热化学解理）——在高温下，氧化石墨片层上的含氧官能团受热以高压气体状态迅速释放，在瞬间释放过程中造成强大内应力，使氧化石墨片层内外产生很大的压力差，从而使石墨烯片层解理、剥离形成单层石墨烯。

McAllister 等[14]通过理论分析以及实验研究，推论在常规条件下，热解理的最低温度阈值是 550℃；而在实际操作中，热解理温度一般在 1100℃ 的高温下，才能实现石墨烯的完全解理。高温热化学解理方法制备条件相对苛刻。首先，快速升温和高温过程对设备的要求较高，耗能高，造成成本偏高；其次，由于在高温下进行，工艺、材料的结构难于控制；最后，快速升温、高温膨化这样的非稳态过程给石墨烯带来很多缺陷，制约了石墨烯物性研究的深入。科学家们在快速获得高温环境，制备高质量石墨烯材料等方面取得了很多研究进展。

笔者课题组[15]通过对氧化石墨热行为的分析，发现其中含氧官能团的脱除主要发生在 150~230℃ 的狭窄温度区间。换言之，高温不是含氧官能团脱除，实现石墨烯热化学解理的必然选择。如果可以在氧气快速释放的低温区间，给氧化石墨内外施加大的压力差，将可能实现石墨烯的低温化学解理制备。

基于以上考虑，笔者课题组提出低温负压化学解理方法——通过营造真空环境，造就氧化石墨内外压力差；当含氧基团在真空低温条件下从氧化石墨层间受热脱除时能产生强大的内外压力差，以实现石墨烯片层的快速解理、剥离。这种方法可以低成本宏量获得具有低缺陷浓度、高电化学容量的高质量石墨烯。化学解理方法是短时间内大量获得石墨烯的理想方法，虽然具有一定的结构缺陷，但这样的石墨烯材料在储能、催化等领域已经展现出很好的应用前景[15, 16]；同时经过工艺条件的优化和适当的后处理后，制得的石墨烯的质量明显提高，在太阳能电池等领域也表现出应用潜力；化学解理方法的前驱体氧化石墨烯是一种典型的双亲分子，具有独特的界面特征，通过界面作用可以构筑结构可控的碳纳米结构，实现碳基材料的功能导向组装制备。

科学发现是一个不断产生梦想、验证梦想和实现梦想的过程；科学的魅力在于在不经意间收获"梦想照进现实"的快感。Geim 等在 2004 年从高定向石墨上用胶带将具有奇特电学性质的单层石墨烯剥离下来，可以看作一种"追梦之旅"的完美结局。三种低维碳纳米结构的陆续发现及其奇特物理化学性质的揭示，让很多人惊呼碳时代的来临[17]；而且相比富勒烯和碳纳米管，石墨烯展现了更快的发展速度。

科学家们还在继续着寻梦、追梦。继富勒烯、碳纳米管、石墨烯以及最新发现的石墨炔[18]之后，是否还会有新的碳同素异形体出现？石墨烯是否有更加奇特的性质？高质量石墨烯的宏量、可控制备以及规模应用能否在可预见的未来实现？科学家们开始新一轮的"追梦之旅"，期待着梦想不断照进现实。物理学家梦想着新一代的纳米电子器件，而化学家梦想着实现功能纳米结构的可控设计和精确组装。做传统碳做不好的事，做传统碳做不了的事，石墨烯的使命刚刚开始。

1.2　从石墨到石墨烯

1.2.1　追梦之旅——石墨烯的"发现"史

石墨烯是由碳原子紧密堆积构成的二维晶体，是单层的石墨薄片，是包括富勒烯、碳纳米管、石墨在内的 sp^2 杂化碳材料的基本结构单元。它是人类已知的强度最高、韧性最好、密度最小、透光率最高、导电性最佳的材料。1924 年英国的 J. D. Bernal 正式提出了石墨的层状结构[19]，即不同的碳原子层以 ABAB 的方式相互层叠，层间 A-B 的距离为 0.3354 nm，但是层间没有化学键连接，因此面外作用力（out-of-plane interactions）较弱，仅存在范德瓦耳斯力以保持石墨的层状结构，因此一层原子可以轻易地在另一层原子上滑动，这也解释了为何石墨可以用作润滑剂和制作铅笔芯。也正是由于没有层间化学键，其层间具有大量的导电和导热载体，因此造就了石墨良好的导电和导热性能，也为后续机械剥离法制备石墨烯埋下了伏笔。

"graphene"这个词早在 1986 年就已经被正式提出，中文翻译成石墨烯，借用有机化学的概念，意为单层的石墨片层，在其中 π 电子摆脱了石墨层间束缚，可以在二维平面内"自由"移动[20]。自从石墨的层状结构被确定后，就不断有研究者试图将石墨的片层剥离进而得到很薄的石墨片层。1940 年，一系列的理论分析就已经提出，单片层的石墨将会具有非常奇特的电子特性[21]，因此，对石墨片层剥离的研究从未间断。1962 年，Boehm 等利用透射电子显微镜（transmission electron microscope，TEM）观察还原的氧化石墨溶液中的石墨片层时，发现最薄片层的厚度只有 4.6 Å，但遗憾的是，他们当时只将这个发现简单归纳为：证明了最薄碳片层是单层碳片层的预言[12]。1988 年京谷隆教授利用模板法在蒙脱土的层间形成了不可独立存在的单层石墨烯片层[5]。1999 年，Ruoff 研究小组通过原子力显微镜（atomic force microscope，AFM）探针得到了厚度在 200 nm 左右的薄层石墨[22]，随后哥伦比亚大学的 Kim 研究小组也制备出了厚度只有 20～30 nm 的薄层石墨[23]，还有日本的 Enoki 研究小组等也都制备了很薄的石墨片层[24]。他们的努力已经离石墨烯只有一步之遥，但最后都与其发现失之交臂。

　　2004 年，曼彻斯特大学的 Geim 研究小组第一次利用机械剥离（mechanical cleavage）法获得了单层和 2～3 层石墨烯片层[4]。单层石墨烯的成功制备推翻了存在了 70 多年的论断——严格的二维晶体由于热力学不稳定而不可能存在。石墨烯的出现为凝聚态物理学中很多理论的研究提供了实验验证平台。短短几年，石墨烯已经向人们展示了许多奇特的性质，成为材料研究领域的一个热点。

1.2.2　石墨剥离制备石墨烯

　　石墨剥离制备石墨烯最初采用的是经典的"撕胶带"法。Geim 小组正是通过这种方法首次制备出了单层石墨烯[4]。其主要过程可以概括为以下几个步骤：首先，使用胶带不断地将从高定向热解石墨上撕下的碎片进行减薄；然后，将得到的样品转移到硅片上；最后，将胶带用丙酮溶解掉。众多的研究者正是从这种方法制备出的石墨烯中发现了其无数迷人的性质。但是，这种方法制备的样品均一度很差，而且产率很低，很难实现大量制备。

　　第二种方法是在液相体系下直接通过超声对石墨片层进行剥离。Blake 和 Hernandez 等在 N-甲基吡咯烷酮（NMP）中对石墨进行超声，在溶液中得到了单层的石墨烯[25, 26]。这种方法利用 NMP 与石墨烯片层相近的表面能，从而实现了石墨烯片层的剥离和稳定分散。但是这种方法的成本较高，而且溶剂难于除去，很难获得实际应用。Loyta 和 Green 等利用表面活性剂对石墨烯片层的稳定作用，在水系溶液中对石墨进行超声，也实现了片层的剥离，并且得到了单层和几层石墨烯的水系分散溶液[27, 28]。

　　第三种方法是在液相中对小分子插层后的石墨进行超声剥离，即将石墨首先使用一些小分子进行插层，然后通过上述液相剥离的方法制备得到石墨烯，从而提高剥离的效率[29]。

1.3 从石墨烯到碳材料

1.3.1 石墨烯——碳材料的基元结构

石墨烯作为最简单的 sp^2 杂化碳材料，是构成其他 sp^2 杂化碳材料的基元结构。由于其二维平面结构良好的柔性，若将石墨烯比作一张白纸，其可以翘曲成零维（0D）的富勒烯（fullerene），卷曲成一维（1D）的碳纳米管（carbon nanotube，CNT）或者堆垛成三维（3D）的体相石墨，一些传统碳材料如碳纤维、活性炭，也可以看作由不同大小的石墨烯片以不同的方式组装而成的石墨烯衍生物。由于结构和性质的稳定性，完善的石墨烯是具有优异光、电、力学性质的功能材料，其在光电器件、量子物理等领域成为重要的实验平台与研究对象[30]，而在电化学储能、催化等可以容忍甚至利用一定缺陷达到功能化的领域，石墨烯衍生物同样扮演着重要的角色。

1.3.2 "石墨烯建筑"——基于石墨烯单元构建碳材料

石墨烯作为目前最简单也最神奇的碳材料，是构成其他碳纳米材料的基本结构单元。和多数纳米材料一样，通过功能导向的结构设计和组装过程将石墨烯在纳米尺度上的优异理化性能延续到具有特定功能的宏观材料上，是可控构建和拓展石墨烯实际应用的重要途径。以石墨烯作为构筑其他碳功能材料的基石，可以获得具有特定功能的碳材料，并实现材料微-纳-宏观多层次多尺度结构调控。例如，笔者课题组通过石墨烯的界面组装，获得兼具高密度和高孔隙率的高密多孔碳，解决了传统碳材料"孔"和"密"不可兼得的矛盾，解决了纳米电极材料体积能量密度低的应用瓶颈。因此，利用"石墨烯建筑"构建超越传统碳材料性质的功能材料，做传统碳做不好和做不了的事，是石墨烯的重要使命。

参 考 文 献

[1] Geim A K，Novoselov K S. The rise of graphene. In Nanoscience and Technology：A Collection of Reviews from Nature Journals，2010：11-19.

[2] Kroto H W，Heath J R，O'Brien S C，et al. C60：Buckminsterfullerene. Nature，1985，318（6042）：162.

[3] Iijima S. Helical microtubules of graphitic carbon. Nature，1991，354（6348）：56.

[4] Novoselov K S，Geim A K，Morozov, S. V，et al. Electric field effect in atomically thin carbon films. Science，2004，306（5696）：666-669.

[5] Kyotani T，Sonobe N，Tomita A. Formation of highly oriented graphite from polyacrylonitrile by using a two-dimensional space between montmorillonite lamellae. Nature，1988，331（6154）：331-333.

[6] Novoselov K S，Geim A. The rise of graphene. Nature. Materials，2007，6（3）：183-191.

[7] Geim A K. Graphene：status and prospects. Science，2009，324（5934）：1530-1534.

[8] Wei D，Liu Y. Controllable synthesis of graphene and its applications. Advanced Materials，2010，22（30）：3225-3241.

[9]　Tang Z, Shen S, Zhuang J, et al. Noble-metal-promoted three-dimensional macroassembly of single-layered graphene oxide. Angewandte Chemie International Edition, 2010, 49 (27): 4603-4607.

[10]　Xu Y, Sheng K, Li C, et al. Self-assembled graphene hydrogel via a one-step hydrothermal process. ACS Nano, 2010, 4 (7): 4324-4330.

[11]　Raccichini R, Varzi A, Passerini S, et al. The role of graphene for electrochemical energy storage. Nature Materials, 2015, 14 (3): 271-279.

[12]　Boehm H-P, Clauss A, Fischer G, et al. Das adsorptionsverhalten sehr dünner kohlenstoff-folien. Zeitschrift Für anorganische und allgemeine Chemie, 1962, 316 (3-4): 119-127.

[13]　Dreyer D R, Ruoff R S, Bielawski C W. From conception to realization: an historial account of graphene and some perspectives for its future. Angewandte Chemie International Edition, 2010, 49 (49): 9336-9344.

[14]　McAllister M J, Li J.-L, Adamson D H, et al. Single sheet functionalized graphene by oxidation and thermal expansion of graphite. Chemistry of Materials, 2007, 19 (18): 4396-4404.

[15]　Lv W, Tang D-M, He Y-B, et al. Low-temperature exfoliated graphenes: vacuum-promoted exfoliation and electrochemical energy storage. ACS Nano, 2009, 3 (11): 3730-3736.

[16]　Su F-Y, You C, He Y-B, et al. Flexible and planar graphene conductive additives for lithium-ion batteries. Journal of Materials Chemistry, 2010, 20 (43): 9644-9650.

[17]　Hirsch A. The era of carbon allotropes. Nature Materials, 2010, 9 (11): 868-871.

[18]　Li G, Li Y, Liu H, et al. Architecture of graphdiyne nanoscale films. Chemical Communications, 2010, 46 (19): 3256-3258.

[19]　Bernal J D. The structure of graphite. Proceedings of the Royal Society of London. Series A, 1924, 106 (740): 749-773.

[20]　Boehm H, Setton R, Stumpp E. Nomenclature and terminology of graphite intercalation compounds. Carbon, 1986, 24 (2): 241-245.

[21]　Wallace P R. The band theory of graphite. Physical Review, 1947, 71 (9): 622-634.

[22]　Lu X, Yu M, Huang H, et al. Tailoring graphite with the goal of achieving single sheets. Nanotechnology, 1999, 10 (3): 269-272.

[23]　Zhang Y, Small J P, Pontius W V, et al. Fabrication and electric-field-dependent transport measurements of mesoscopic graphite devices. Applied Physics Letters, 2005, 86 (7): 073104.

[24]　Affoune A, Prasad B, Sato H, et al. Experimental evidence of a single nano-graphene. Chemical Physics Letters, 2001, 348 (1-2): 17-20.

[25]　Blake P, Brimicombe P D, Nair R R, et al. Graphene-based liquid crystal device. Nano Letters, 2008, 8 (6): 1704-1708.

[26]　Hernandez Y, Nicolosi V, Lotya M, et al. High-yield production of graphene by liquid-phase exfoliation of graphite. Nature Nanotechnology, 2008, 3 (9): 563-568.

[27]　Green A A, Hersam M C. Solution phase production of graphene with controlled thickness via density differentiation. Nano Letters, 2009, 9 (12): 4031-4036.

[28]　Hamilton C E, Lomeda J R, Sun Z, et al. High-yield organic dispersions of unfunctionalized graphene. Nano Letters, 2009, 9 (10): 3460-3462.

[29]　Li X, Zhang G, Bai X, et al. Highly conducting graphene sheets and Langmuir-Blodgett films. Nature Nanotechnology, 2008, 3 (9): 538-542.

[30]　Bonaccorso F, Sun Z, Hasan T, et al. Graphene photonics and optoelectronics. Nature Photonics, 2010, 4 (9): 611-622.

第2章

石墨烯的制备

石墨烯的制备方法多种多样，可获取或合成层数、尺寸、纯度等参数不同的石墨烯[1]。在早期，众多制备薄层石墨化碳层的方法被报道，20世纪70年代，薄层石墨可以通过沉积到过渡金属表面制取，少层石墨可以通过化学降解方法在单晶铂表面制备[2]，但是这些材料由于表征手段欠缺或者应用受限都未被作为石墨烯明确提出。在那个时代，这些薄层石墨材料很难从导电基底上分离开来，这也限制了其电学性质的研究，20世纪90年代，Ruoff等尝试利用机械摩擦的方法将石墨片层从高定向热解石墨表面分离至二氧化硅表面[3]，但令人遗憾的是他们并没有报道其电学性质方面的研究内容。虽然2005年Kim等利用类似的方法获取石墨片层并研究了其电学性质[4]，但是Geim等已于2004年完成将石墨烯分离至二氧化硅表面并进行电学性能研究的工作[5]。石墨烯这一概念是由Geim等明确提出的，初期的制备方法是机械剥离法，即利用胶带对石墨层进行反复的剥离最终获得单原子层厚度的薄层石墨材料。这种方法虽然可以获得高质量的石墨烯，但不适用于制备大面积的、宏量的石墨烯[6]。

在最近的十几年内，石墨烯的优异性质引起了学术界和产业界的广泛关注[7, 8]，然而，石墨烯的大规模制备技术目前仍然是其实际应用的瓶颈，也是制约石墨烯产业市场发展的最大障碍[9]。多种多样的石墨烯制备方法被不同的研究者提出[10]，机械剥离[11, 12]、化学剥离[13-15]、化学合成[16, 17]、化学气相沉积（CVD）[18-20]、外延生长[21]是最普遍使用的方法，同时其他方法也被报道，如碳纳米管解理、微波合成[22-24]、电化学合成[25, 26]等。石墨烯的制备方法可以分为两大类[27-30]，一种是"自上而下"制备策略，另一种是"自下而上"制备策略。"自上而下"制备策略是指对石墨化的碳材料进行剥离进而得到石墨烯的方法；"自下而上"制备方法是指利用含碳元素的小分子合成石墨烯的过程。石墨烯的制备方法分类见图2-1。

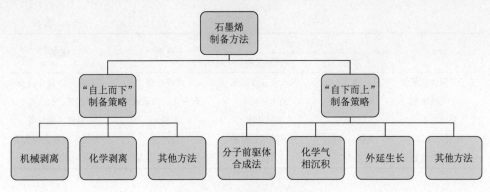

图 2-1　石墨烯制备方法[1]

在化学剥离方法中，碱金属离子或者官能团可以插层到石墨材料层间，减弱石墨层间的范德瓦耳斯力以实现剥离。化学合成的方法可以概括为两种：一种是利用有机合成方法将小分子连接起来形成片状的石墨烯，另一种是将氧化石墨烯分散液化学还原除去含氧官能团得到石墨烯[31]。与碳纳米管的合成方法类似，化学气相沉积方法可以用来制备大尺寸的石墨烯材料，制备过程中还可以使用等离子体辅助将小分子解理，这种方法可以称为等离子体增强的化学气相沉积[20]。

如表 2-1 所示，每种制备方法都有各自的优缺点[10]，因此要根据最终的应用确定适当的制备方法。机械剥离法可以用来制备单层或少层的石墨烯材料，但是这种方法的重现性和一致性较差[32-35]。分子前驱体合成法可以在较低的反应温度下进行，同时可以在多种基底上合成石墨烯，但是大面积、均匀的石墨烯片层却很难得到。从氧化石墨还原得到的石墨烯通常还原不充分，导致导电性有一定损失。化学气相沉积可以制备得到均匀的大面积的石墨烯片层，但是该方法对工艺参数和设备要求较高，制备成本也较高。外延生长是热解碳化硅，在其表面得到石墨化的石墨烯材料的一种方法，但是这种方法对温度要求高，同时很难将石墨烯转移至其他基底上。

表 2-1　不同石墨烯制备方法比较[1]

方法	典型尺寸		优点	缺点
	厚度	片层尺寸		
机械剥离法	单层到少层	微米	大尺寸、高质量	产量非常小
超声剥离法	单层至多层	微米或亚微米	高质量、低成本	产率低、难分离
化学剥离法	多层、单层率较低	微米或亚微米	低成本、产量高	有缺陷与杂质、层数不易控制
电化学剥离法	单层至多层	亚微米	剥离效率高、导电性较好	容易引入杂质、成本较高
超酸剥离法	单层至多层	亚微米	可批量制备、质量高	大量使用超强酸、成本高

续表

方法	典型尺寸		优点	缺点
	厚度	片层尺度		
分子前驱体合成法	单层	几十至几百纳米	厚度控制	存在缺陷、尺寸较小
化学气相沉积	单层，少层	纳米到厘米	尺寸大、质量高	产能低、投入高
外延生长	少层	可达厘米	面积大	产量低、难分离
电弧放电法	单层、少层	几百纳米到微米	高产能	产量低、有碳化物杂质
碳纳米管裁剪	少层	可达微米	尺寸在一定范围内可控	原材料成本高

2.1 "自上而下"制备策略

2.1.1 机械剥离法

机械剥离法是最著名的制备石墨烯的方法之一，这是一种"自上而下"的制备策略，该方法直接从石墨出发，通过在石墨片层上施加纵向或横向的一定机械力将石墨的片层剥离，因而可制得缺陷较少的石墨烯材料并可转移至不同的基底表面上。石墨是一种由石墨烯堆叠而成的片层状结构，每层石墨烯之间通过范德瓦耳斯力连接，层间距为 0.335 nm，层间的结合能为 2 eV/nm^2[36]。对于机械剥离法，大约需要 300 nN/μm^2 外力即可从石墨表面得到单层的石墨烯[33]。石墨片层的堆叠结构的内应力是由片层上部分填满的 π 轨道交叠形成的，同样也包括分子间的范德瓦耳斯力。剥离是堆叠的逆过程，相比于 sp^2 杂化的石墨片层内碳原子间的作用力，石墨层间距离较大，相互作用力较小，施加外力时容易实现在垂直于片层方向的剥离，得到单层石墨烯结构。不同厚度的石墨烯片层可以通过机械剥离的方法获得，所选用的石墨化材料可以是高定向热解石墨、单晶石墨或者天然石墨。机械剥离的方式包括"撕胶带"、超声、电场力和转印等。使用带有环氧树脂黏结剂的基底，有助于得到单层和少层的石墨烯片层，利用转印的方法可以得到宏观的石墨烯图案。机械剥离法是目前制备高质量石墨烯成本最低的方法。利用机械剥离法制备得到的石墨烯可以通过光学显微镜、拉曼光谱和原子力显微镜等表征。使用原子力显微镜是最直观确定石墨烯片层形貌和层数的方式之一。光学显微镜也可以用来辨识石墨烯的层数，用硅圆晶上热生长 300 nm 的二氧化硅薄层作为基底时，不同层数的石墨烯在其上有不同的光学对比度。拉曼光谱也是一种常用的辨识石墨烯层数的方式，研究者发现不同层数的石墨烯对应不同的拉曼峰形[5]。

Geim 小组正是通过经典的"撕胶带"法首次制备出了单层石墨烯。其主要过程可以概括为以下几个步骤：首先，使用胶带不断地将从高定向热解石墨上撕下的碎片进行减薄；然后，将得到的样品转移到硅片上；最后，将胶带用丙酮溶解掉。制备得到的石墨烯厚度从单层到多层都有分布，片层的尺寸范围涵盖纳米至微米尺度，如图 2-2 所示。众多的研究者正是从这种方法制备出的石墨烯中发现了其无数的迷人性质。但是，这种方法制备的样品均一度很差，而且产率很低，很难实现大量制备。

图 2-2　石墨烯薄膜光学照片（a）、原子力显微镜照片（b，c），（c）中大面积棕红色部分的
厚度为 0.8 nm；器件的扫描电镜照片（d）和示意图（e）[37]

液相体系下直接通过超声对石墨片层进行剥离也可制备石墨烯[38, 39]。Blake 和 Hernandez 等在 N-甲基吡咯烷酮（NMP）中对石墨进行超声，在溶液中得到了单层的石墨烯。这种方法利用 NMP 与石墨烯片层相近的表面能，从而实现了石墨烯片层的剥离和稳定分散。但是这种方法的成本较高，而且溶剂难于除去，很难获得实际应用。Loyta 和 Green 等利用表面活性剂对石墨烯片层的稳定作用，在水系溶液中对石墨进行超声，也实现了石墨片层的剥离，并且得到了单层和几层石墨烯的水系分散溶液，如图 2-3 所示。在液相中对小分子插层后的石墨进行超声剥离，即将石墨首先使用一些小分子进行插层，然后通过上述液相剥离的方法制备得到石墨烯，从而提高剥离的效率。

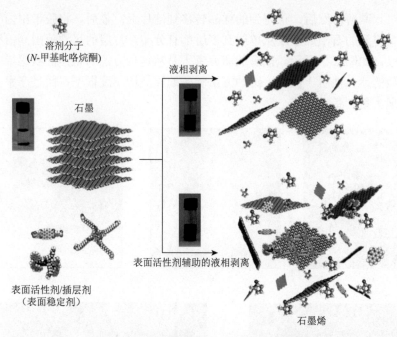

溶剂分子
(*N*-甲基吡咯烷酮)

石墨

液相剥离

表面活性剂辅助的液相剥离

表面活性剂/插层剂
（表面稳定剂）

石墨烯

图 2-3　液相剥离石墨制备石墨烯示意图[40]

　　事实上很难通过机械剥离法获得宏量的石墨烯，这种方法不但产率低，而且制备得到的石墨烯也很难被分离出来。但是这种方法制得的石墨烯质量高、缺陷较少，可以在场效应晶体管、电子输运、量子效应等方面作为模型材料进行研究。

2.1.2　化学剥离法

　　目前，基于氧化石墨的化学剥离法被认为是最有可能实现石墨烯规模化制备的重要方法之一[41]，该方法制得的石墨烯可应用于高分子复合材料、储能材料、透明导电电极等领域。化学剥离法的主要过程是：通过氧化等方法在石墨材料的层间插入含氧基团，形成插层化合物，增大层间距、部分改变碳原子的杂化状态，从而减小石墨的层间相互作用；然后通过快速加热（热化学解理）或者超声处理等方法实现石墨的层层剥离，获得功能化的石墨烯[31]，如图 2-4 所示。1860 年，Brodie、Hummers 和 Staudenmaier 成功制备了石墨插层化合物——氧化石墨，氧化石墨是化学剥离制备石墨烯的重要原料。此后 Hummers 方法较为常用，且制备参数经过了多次修改和优化，有效缩短了反应时间，同时避免了有毒副产物的释放。在氧化之后，石墨烯片层的厚度约为 1 nm[图 2-4（b）]，石墨片的层间距由石墨原料的 0.34 nm 上升到大于 0.6 nm，石墨片层间以微弱的范德瓦耳斯力相连接[31]。

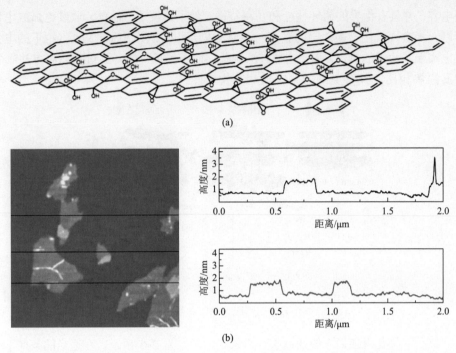

图 2-4　（a）氧化石墨化学结构示意图；（b）氧化石墨烯的原子力显微镜照片及样品高度测量
曲线[31]

　　热剥离的方法可以直接得到经过还原的石墨烯，而液相超声得到的往往是
氧化石墨烯（graphene oxide，GO）[43]，还需要进一步还原以去除表面的含氧官
能官。目前主要的热化学剥离方法是对氧化石墨进行具有快速升温过程的高温
处理——在快速升温过程中，氧化石墨片层上的含氧官能团受热以气体形态释放，
在氧化石墨层间的狭小空间迅速形成高压气体，在瞬间释放过程中造成强大内应
力，使氧化石墨片层内外产生足够大的压力差，使片层剥离形成单层石墨烯[44-46]。
McAllister 等通过对剥离过程的理论分析以及实验研究，认为在常规条件下，热
剥离的最低温度是 550℃；而实际操作中，氧化石墨需要瞬间升温到 1000℃以上
才能实现片层的充分剥离，从而导致耗能大、成本偏高、工艺难于控制、制得的
石墨烯缺陷较多等不利因素，如图 2-5 所示[47]。笔者课题组在氧化石墨热行为分
析的基础上，发展了低温负压化学解理新工艺，可以宏量获得质量较好的石墨烯
材料，而且该方法制备的石墨烯以单层为主。该方法成本低，且易于规模化生产。
氧化石墨在低温下实现剥离的实质是：通过创造真空环境，在脱氧过程中使氧化
石墨内外产生足够的压力差。由于这种方法条件相对温和，获得的石墨烯具有较完
善的微观结构，而且得到的石墨烯的表面化学不同于高温法获得的样品。正是由于
表面化学的不同，低温剥离获得的石墨烯具有远高于高温方法制备的石墨烯的双电

层电容，并具有优异的循环性能和功率特性。除了热解理方法外，通过电弧放电也可以一步实现氧化石墨片层的剥离与还原。成会明院士团队通过氢气气氛下的电弧放电实现了片层的剥离，并且这种方法制备出的石墨烯片层与通过热剥离方法制备的石墨烯相比，具有更好的导电性和热稳定性[44]。

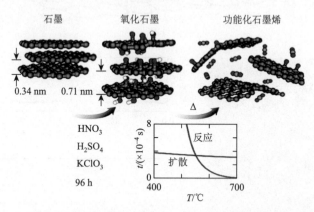

图 2-5　氧化石墨热膨胀还原制备石墨烯示意图[44]

氧化石墨化学还原一般通过水合肼来还原，如图 2-6 所示。在适当的条件下用肼将浓度小于 0.5 mg/mL 的 GO 分散液还原，原子力显微镜（AFM）显示，在硅晶片上的石墨烯薄片是平整的，厚度为 1 nm，但水合肼毒性较大，环保一些的还原剂有维生素 C 等[8, 9, 48]。均质的石墨烯胶状悬浊液可以在含表面活性剂的水溶液中稳定存在，也可通过碱性环境促进石墨烯分散，一些极性的有机溶剂也可以分散石墨烯。化学还原法往往不能将氧化石墨中的氧元素去除完全，导致石墨烯具有相对较低的电导率。电化学还原是一种较为环境友好且经济的选择，可以制备大量高品质的石墨烯，另外，还可以通过调节电压，将氧化石墨在石墨电极上进行有效的还原[49]。

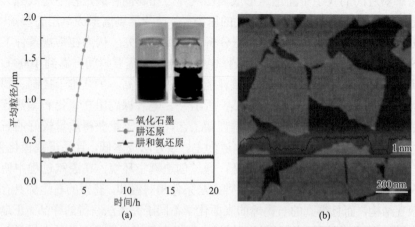

图 2-6　化学还原氧化石墨烯分散尺寸分布（a）和原子力显微镜照片（b）[48]

2.1.3　其他方法

石墨烯也可以通过电化学剥离制备。石墨烯的电化学制备方法可以分为两类，一类是通过电化学还原的方法实现 GO 的还原而得到石墨烯材料；另一类是直接对石墨进行电化学剥离制备得到石墨烯。与通过电化学还原 GO 制备得到的石墨烯相比，电化学剥离石墨制备得到的石墨烯具有更好的物理以及化学性质。电化学剥离石墨片层的主要过程是将石墨作为工作电极，在电解液中对其施加一定的电压，从而实现电解液对石墨的插层以及片层的剥离。目前报道的电解液体系主要有稀硫酸体系和碳酸丙烯酯（PC）电解液体系。

2.2 "自下而上"制备策略

2.2.1　分子前驱体合成法

化学合成法即使用有机分子，采用有机化学合成的方法合成石墨烯片[50]。如采用具有类似石墨烯结构的有机聚合石墨烯片，聚丙烯酸烃是一种介于分子和大分子物相状态之间的物质，可以通过调变脂族链取代以改变溶解度，但是较大尺寸的聚丙烯酸烃合成难度较高。当分子量增加时，反应物的溶解性降低，副反应很容易发生。

Yang 等报道采用 Suzuki 偶联反应合成一种长 12 nm 的带状聚丙烯酸烃，虽然并没有对其电学性质进行深入探讨，但这种材料确实表现出类似于石墨烯的性质，如图 2-7 所示。如果长度可以进一步增加，聚丙烯酸烃有可能成为制备石墨烯的一种新原料。当然在长度增加的时候避免边界上缺陷的产生仍是很难的。这种合成过程可以精确控制，但是产率比较低，很难宏量制备石墨烯材料。

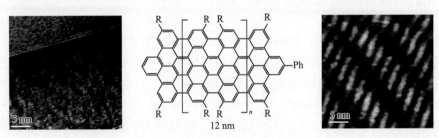

图 2-7　分子前驱体合成法制备的石墨烯分子结构示意图和透射电镜、原子力显微镜图片[51]

2.2.2　化学气相沉积

化学气相沉积制备石墨烯主要是利用气态碳源在高温下分解后在基底表面上的催化生长制备得到石墨烯片层，主要分为热 CVD 技术和等离子体增强的 CVD（PECVD）技术[18, 19]。目前，CVD 技术简单易行，得到的石墨烯质量较高并且比较易于转移，因此成为制备高质量和大面积单层石墨烯薄膜的重要方法[32, 50, 52]。

化学气相沉积是以气态小分子碳源作为前驱体，在气相沉积过程中，前驱体分子扩散至基底上，在基底上逐渐沉积、晶化、成长形成片层结构。化学气相沉积的基底主要为过渡金属元素，如镍、钯、钌、铱和铜等，其中镍和铜是最常用的两种金属基底。早在 1966 年，就有研究发现金属镍暴露在 900℃的甲烷气体下会形成薄层石墨[2]。1975 年，有研究发现可以利用 CVD 方法在金属铂表面得到单层石墨化材料。虽然在早期的 CVD 研究中就已经提及通过 CVD 技术有可能实现单层石墨片的制备，但是第一次成功使用 CVD 技术制备得到石墨烯却是 2006 年由 Somani 等在镍基底上实现的。CVD 过程中使用的碳源主要有甲烷、乙烯、乙炔和苯等，这些碳前驱体通常还会和氢气或惰性气体混合使用。

与铜基底相比，镍基底的表面粗糙度和升华特性不同，研究者首先在镍基底上实现了石墨烯的 CVD 方法制备，使用的基底主要有镍箔、多晶镍薄膜、泡沫镍等。首先，将镍箔在氢气氛围下退火处理，然后将其暴露于甲烷、氩气和氢气的混合氛围下，在常压和 1000℃条件下保持 20 min。研究发现，石墨烯的层数和冷却的速率相关，快速冷却条件下通常会得到多层石墨烯，缓慢冷却可以避免碳分离到镍箔表面。石墨烯适宜沉积的温度区间较窄，镍碳相（Ni-2C）会在镍箔上引入缺陷，Ni-2C 出现会影响石墨烯的沉积。化学气相沉积石墨烯主要受碳前驱体暴露时间的影响，并非基底限制。Chen 等首次报道了使用泡沫镍作为模板，利用化学气相沉积方法制备出三维泡沫状的石墨烯宏观体，如图 2-8 所示，这种泡沫状宏观体具有由相互交联的柔性石墨烯片层组成的网状结构，这些网状结构形成的电子传输通道使得该宏观体具有优异的导电性。

在铜基底表面上化学气相沉积石墨烯单层覆盖率较高，被认为是一种制备高质量石墨烯的方法。2009 年，研究者发现在多晶铜箔表面利用甲烷作为前驱体可以得到厘米级均匀覆盖的石墨烯片层，铜基底价格较为便宜，同时刻蚀除去时对石墨烯的影响较小，因此是一种优良的制备单层石墨烯的基底，如图 2-9 所示。由于碳元素在铜中的溶解性较差，碳的沉积过程多为自身限制过程。在 1000℃条件下，碳在铜上的溶解度仅为 ppm（ppm 为 10^{-6}）级，碳元素前驱体可以直接在铜箔上生长形成石墨烯，制备得到的石墨烯单层率较高，仅有 5%左右的区域为双层和三层石墨烯。铜基底的表面粗糙度对化学气相沉积过程影响较大，平整的表面有利于制备得到覆盖整个基底的石墨烯片层。

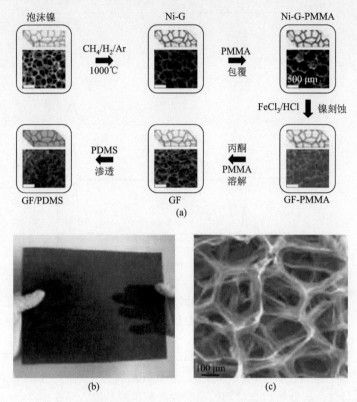

图 2-8　（a）石墨烯泡沫制备过程图；（b）170 mm×220 mm 无支撑石墨烯泡沫图片；
（c）石墨烯泡沫扫描电子显微镜图片[53]

2.2.3　外延生长

单晶基底表面外延生长法也是一种重要的石墨烯制备方法，如在单晶碳化硅基底表面制备高结晶度的石墨烯[21]。根据基底的不同，有两种外延生长过程——同质

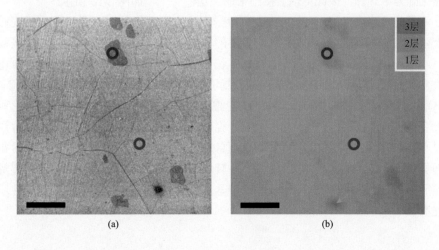

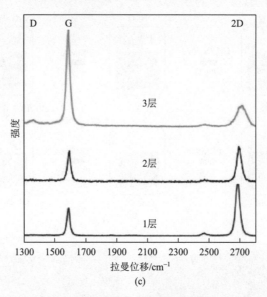

图 2-9　铜基底表面化学气相沉积石墨烯的扫描电镜图（a）、光学显微镜图（b）
以及对应不同层数位置的拉曼光谱（c）[54]

外延生长和异质外延生长。同质外延生长是指外延生长过程发生在同一种材料上面，异质外延生长则是发生在不同的物质上。碳化硅是首先采用的生长基底，其是一种宽带隙的半导体，因此可以直接用作电学性质测量的基底。早在 1975 年就有石墨在 6H-SiC（0001）表面生长的报道，在 1000～1500℃高温和 10 mbar（1 bar＝10^5 Pa）的真空条件下，石墨会在碳化硅的表面生成。2004 年，de Heer 研究小组在碳化硅表面制备得到 1～3 层的石墨烯片层，并研究了石墨烯的电学性质[55-57]。该方法是通过加热单晶碳化硅，在高温条件下，将表面的硅刻蚀掉，使得单晶（0001）面上的碳原子析出，重新组合形成石墨烯片层。这种方法制备出的石墨烯质量比较高，而且基底碳化硅为半导体，因此可以直接用来加工器件[54, 58]，如图 2-10 所示。

石墨烯在碳化硅表面的生长速度和碳化硅的晶面相关，石墨烯更容易在碳晶面上生长。在该晶面上，大面积、多层的石墨烯可以无序地随机生长。在硅晶面上，小面积的石墨烯容易生长。外延生长法制备的石墨烯可以用来制备高频电子器件和 LED 等器件。碳化硅外延生长法可以用来制备晶圆尺寸的顶栅晶体管，利用其制的高频晶体管具有 100 GHz 的截止频率，高于硅基晶体管，此外这种方法制备的石墨烯还用于量子霍尔效应研究。但是外延生长法得到的石墨烯片层大多是单层和多层的混合物，而且基底制备成本较高、石墨烯晶粒较小、制备得到的石墨烯与基底存在较强的作用而不易转移，这些因素导致最终得到的石墨烯成本高且不易规模化生产，并且石墨烯与基底的作用也使其与典型的石墨烯性质有所差异。

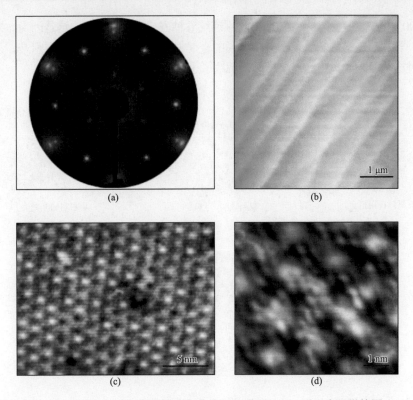

图 2-10　外延生长法制备的石墨烯的低能电子能谱图（a）、原子力显微镜图（b）、
扫描隧道显微镜图（c，d）[57]

2.3　规模制备前景展望

　　石墨烯自问世以来，由于其独特结构和优异性质引起了学术界和产业界的强烈关注，目前石墨烯大规模制备技术依然是其产业发展及商业应用的瓶颈，亟待进一步发展。现有石墨烯的制备方法中，机械剥离法、外延生长法、CVD 法虽然能制备缺陷较少的石墨烯，可以用于电子器件及理论研究，但是其产能难于扩大；化学剥离法是现今低成本宏量获得石墨烯材料的最有前景的方法之一，可以用于容忍少量缺陷，甚至利用缺陷的某些应用领域，如储能以及催化领域。

　　韩国三星公司在 2010 年报道了"卷对卷"的石墨烯转移技术，并且制备了 30 in（1 in≈2.54 cm）的石墨烯透明导电膜，并制备了触摸屏原型器件，如图 2-11 所示。这种简单的转移技术为化学气相沉积制备石墨烯的大规模应用提供了解决方案，已经在很多机构和公司得到了应用。2012 年 9 月，日本索尼公司发布了化学气相沉积法大面积制备石墨烯薄膜的连续化技术，通过该技术可以制出长度达 120 m 的 CVD 石墨烯薄膜，如图 2-12 所示。以往的 CVD 法存在的问题是，要想获得高品质石墨烯，需要约1000℃的高温。因此，很难同时兼顾连续卷轴方式和大量生产。这是因为如果温度过高，真空反应室内部就无法使用普通的金属材料，温度管理也会变得困难。索尼公司通过在基板上通电进行直接加热，解决了这一问题。

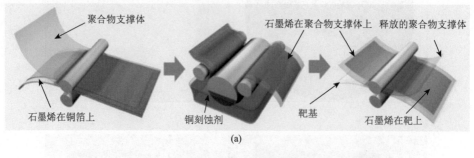

(a)

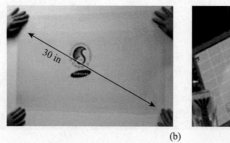

(b)

图 2-11　韩国三星公司开发的"卷对卷"石墨烯转移技术（a）以及 30 in 的石墨烯透明导电膜和制备得到的触摸屏（b）[59]

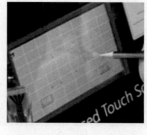

主要制造条件：
[铜箔]厚度36.3 μm、纯度99.9%以上
[加热方式]直接电阻加热
[电流]680 A或690 A
[铜箔的温度]950～980℃
[气体流量]H₂ 50 sccm, CH₄ 450 sccm
[压力]1000 Pa
[铜箔的卷取速度]0.1 m/min

(a)　　　　　　(b)

图 2-12　索尼公司开发出的石墨烯连续化学气相沉积生长技术示意图（a）及其使用的转印石墨烯的聚酯薄膜辊子（b）

sccm：标况毫升每分

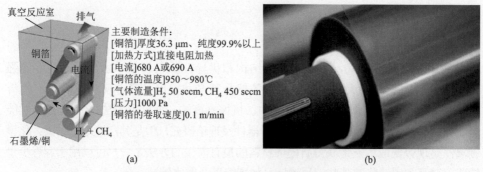

　　等离子体增强的化学气相沉积首先在空腔内形成等离子体，利用等离子体激发前驱体分子将其"打碎"后沉积在基底表面，可以使用交流电、微波、电感耦合等作为等离子体激发源。其主要优点为可以在较低的温度实现化学气相沉积并

且无须使用催化剂，有利于实现大规模的工业化应用。虽然这种方法成本较高，但是可选择的沉积基底较多，在硅、二氧化硅、三氧化二铝、钼、锆、钛、钨、铜、不锈钢等基底表面都可以得到单层或少层的石墨烯。使用 900 W 射频电源，10 sccm 气体流量，内腔压强控制在 12 Pa，基底温度在 600～900℃都可以得到石墨烯，同样，利用电感耦合等离子体化学气相沉积可以在 150 mm 的硅晶圆表面制备均匀的石墨烯薄膜，这种薄膜具有 9000 cm^2/(V·s)的传输特性。

此外，化学剥离法也是实现石墨烯规模化制备的重要方法，该方法会在第 3 章详细讨论，此处不再赘述。

参 考 文 献

[1] Bhuyan M S A, Uddin M N, Islam M M, et al. Synthesis of graphene. International Nano Letters, 2016, 6 (2): 65-83.

[2] Karu A E, Beer M. Pyrolytic formation of highly crystalline graphite films. Journal of Applied Physics, 1966, 37 (5): 2179-2181.

[3] Lu X K, Yu M F, Huang H, et al. Tailoring graphite with the goal of achieving single sheets. Nanotechnology, 1999, 10 (3): 269-272.

[4] Li J, Kim J K, Sham M L. Conductive graphite nanoplatelet/epoxy nanocomposites: effects of exfoliation and UV/ozone treatment of graphite. Scripta Materialia, 2005, 53 (2): 235-240.

[5] Choi W, Lahiri I, Seelaboyina R, et al. Synthesis of graphene and its applications: a review. Critical Reviews in Solid State and Materials Sciences, 2010, 35 (1): 52-71.

[6] Tolle F J, Gamp K, Mulhaupt R. Scale-up and purification of graphite oxide as intermediate for functionalized graphene. Carbon, 2014, 75: 432-442.

[7] Ferrari A C, Bonaccorso F, Fal'ko V, et al. Science and technology roadmap for graphene, related two-dimensional crystals, and hybrid systems. Nanoscale, 2015, 7 (11): 4598-4810.

[8] Novoselov K S, Fal'ko V I, Colombo L, et al. A roadmap for graphene. Nature, 2012, 490 (7419): 192-200.

[9] Chua C K, Pumera M. Chemical reduction of graphene oxide: a synthetic chemistry viewpoint. Chemical Society Reviews, 2014, 43 (1): 291-312.

[10] Whitener K E, Sheehan P E. Graphene synthesis. Diamond and Related Materials, 2014, 46: 25-34.

[11] Fukada S, Shintani Y, Shimomura M, et al. Graphene made by mechanical exfoliation of graphite intercalation compound. Japanese Journal of Applied Physics, 2012, 51 (8): 085101.

[12] Martinez A, Fuse K, Yamashita S. Mechanical exfoliation of graphene for the passive mode-locking of fiber lasers. Applied Physics Letters, 2011, 99 (12): 121107.

[13] Zhang L, Liang J J, Huang Y, et al. Size-controlled synthesis of graphene oxide sheets on a large scale using chemical exfoliation. Carbon, 2009, 47 (14): 3365-3368.

[14] Xu J, Zhang L W, Shi R, et al. Chemical exfoliation of graphitic carbon nitride for efficient heterogeneous photocatalysis. Journal of Materials Chemistry A, 2013, 1 (46): 14766-14772.

[15] Economopoulos S P, Rotas G, Miyata Y, et al. Exfoliation and chemical modification using microwave irradiation affording highly functionalized graphene. ACS Nano, 2010, 4 (12): 7499-7507.

[16] Eigler S, Enzelberger-Heim M, Grimm S, et al. Wet chemical synthesis of graphene. Advanced Materials, 2013, 25 (26): 3583-3587.

[17] Chen L，Hernandez Y，Feng X L，et al. From nanographene and graphene nanoribbons to graphene sheets: chemical synthesis. Angewandte Chemie International Edition，2012，51（31）：7640-7654.

[18] Zhang Y，Zhang L Y，Zhou C W. Review of chemical vapor deposition of graphene and related applications. Accounts of Chemical Research，2013，46（10）：2329-2339.

[19] Munoz R，Gomez-Aleixandre C. Review of CVD synthesis of graphene. Chemical Vapor Deposition，2013，19（10-12）：297-322.

[20] Bo Z，Yang Y，Chen J H，et al. Plasma-enhanced chemical vapor deposition synthesis of vertically oriented graphene nanosheets. Nanoscale，2013，5（12）：5180-5204.

[21] Yazdi G R，Iakimov T，Yakimova R. Epitaxial graphene on SiC: a review of growth and characterization. Crystals，2016，6（5）：53.

[22] Hassan H M A，Abdelsayed V，Khder A，et al. Microwave synthesis of graphene sheets supporting metal nanocrystals in aqueous and organic media. Journal of Materials Chemistry，2009，19（23）：3832-3837.

[23] Murugan A V，Muraliganth T，Manthiram A. Rapid, facile microwave-solvothermal synthesis of graphene nanosheets and their polyaniline nanocomposites for energy strorage. Chemistry of Materials，2009，21（21）：5004-5006.

[24] Zhang M，Lei D N，Yin X M，et al. Magnetite/graphene composites: microwave irradiation synthesis and enhanced cycling and rate performances for lithium ion batteries. Journal of Materials Chemistry，2010，20（26）：5538-5543.

[25] Toh S Y，Loh K S，Kamarudin S K，et al. Graphene production via electrochemical reduction of graphene oxide: synthesis and characterisation. Chemical Engineering Journal，2014，251：422-434.

[26] Pei S F，Wei Q W，Huang K，et al. Green synthesis of graphene oxide by seconds timescale water electrolytic oxidation. Nature Communications，2018，9（1）：145.

[27] Edwards R S，Coleman K S. Graphene synthesis: relationship to applications. Nanoscale，2013，5（1）：38-51.

[28] Shams S S，Zhang R Y，Zhu J. Graphene synthesis: a review. Materials Science-Poland，2015，33（3）：566-578.

[29] Xiang Q J，Yu J G，Jaroniec M. Graphene-based semiconductor photocatalysts. Chemical Society Reviews，2012，41（2）：782-796.

[30] Si Y，Samulski E T. Synthesis of water soluble graphene. Nano Letters，2008，8（6）：1679-1682.

[31] Park S，Ruoff R S. Chemical methods for the production of graphenes. Nature Nanotechnology，2009，4（4）：217-224.

[32] Bo Z，Yang Y，Chen J，et al. Plasma-enhanced chemical vapor deposition synthesis of vertically oriented graphene nanosheets. Nanoscale，2013，5（12）：5180-5204.

[33] Zhu Y，Muralis S，Cai W，et al. Graphene and graphene oxide: synthesis，properties，and applications. Adv Mater，2010，22：3906-3924.

[34] Yi M，Shen Z G. A review on mechanical exfoliation for the scalable production of graphene. Journal of Materials Chemistry A，2015，3（22）：11700-11715.

[35] Pang S P，Englert J M，Tsao H N，et al. Extrinsic corrugation-assisted mechanical exfoliation of monolayer graphene. Advanced Materials，2010，22（47）：5374-5377.

[36] Chen J F，Duan M，Chen G H. Continuous mechanical exfoliation of graphene sheets via three-roll mill. Journal of Materials Chemistry，2012，22（37）：19625-19628.

[37] Chattopadhyay J，Mukherjee A，Chakraborty S，et al. Exfoliated soluble graphite. Carbon，2009，47（13）：2945-2949.

[38] Novoselov K S，Geim A K，Morozov S V，et al. Electric field effect in atomically thin carbon films. Science，2004，306（5696）：666-669.

[39] Cui X，Zhang C Z，Hao R，et al. Liquid-phase exfoliation，functionalization and applications of graphene.

Nanoscale，2011，3（5）：2118-2126.

[40] Ciesielski A，Samori P. Graphene via sonication assisted liquid-phase exfoliation. Chemical Society Reviews，2014，43（1）：381-398.

[41] Pei S F，Cheng H M. The reduction of graphene oxide. Carbon，2012，50（9）：3210-3228.

[42] Shen J F，Hu Y Z，Shi M，et al. Fast and facile preparation of graphene oxide and reduced graphene oxide nanoplatelets. Chemistry of Materials，2009，21（15）：3514-3520.

[43] Ciesielski A，Samori P. Graphene via sonication assisted liquid-phase exfoliation. Chem Soc Rev，2014，43（1）：381-98.

[44] McAllister M J，Li J L，Adamson D H，et al. Single sheet functionalized graphene by oxidation and thermal expansion of graphite. Chemistry of Materials，2007，19（18）：4396-4404.

[45] Wang S，Tambraparni M，Qiu J，et al. Thermal expansion of graphene composites. Macromolecules，2009，42（14）：5251-5255.

[46] Pozzo M，Alfè D，Lacovig P，et al. Thermal expansion of supported and freestanding graphene: lattice constant versus interatomic distance. Physical Review Letters，2011，106（13）：135501.

[47] McAllister M J，Li J L，Adamson D H，et al. Single sheet functionalized graphene by oxidation and thermal expansion of graphite. Chemistry of Materials，2007，19（18）：4396-4404.

[48] Wang S，Tambraparni M，Qiu J，et al. Thermal expansion of graphene composites. Macromolecules，2009，42（14）：5251-5255.

[49] Pozzo M，Alfè D，Lacovig P，et al. Thermal expansion of supported and freestanding graphene: lattice constant versus interatomic distance. Physical Review Letters，2011，106（13）：135501.

[50] Lv W，Tang D M，He Y B，et al. Low-temperature exfoliated graphenes: vacuum-promoted exfoliation and electrochemical energy storage. ACS Nano，2009，3（11）：3730-3736.

[51] Wu Z S，Ren W，Gao L，et al. Synthesis of graphene sheets with high electrical conductivity and good thermal stability by hydrogen arc discharge exfoliation. ACS Nano，2009，3（2）：411-417.

[52] Allen M J，Tung V C，Kaner R B. Honeycomb carbon: a review of graphene. Chemical Reviews，2010，110（1）：132-145.

[53] Li X，Song Q，Hao L，et al. Graphenal polymers for energy storage. Small，2014，10（11）：2122-2135.

[54] Yang X，Dou X，Rouhanipour A，et al. Two-dimensional graphene nanoribbons. Journal of the American Chemical Society，2008，130（13）：4216-4217.

[55] Reina A，Jia X，Ho J，et al. Large area, few-layer graphene films on arbitrary substrates by chemical vapor deposition. Nano Letters，2009，9（1）：30-35.

[56] Chen Z，Ren W，Gao L，et al. Three-dimensional flexible and conductive interconnected graphene networks grown by chemical vapour deposition. Nature Materials，2011，10：424-428.

[57] Li X S，Cai W W，An J H，et al. Large-area synthesis of high-quality and uniform graphene films on copper foils. Science，2009，324（5932）：1312-1314.

[58] Berger C，Song Z，Li T，et al. Ultrathin epitaxial graphite: 2D electron gas properties and a route toward graphene-based nanoelectronics. The Journal of Physical Chemistry B，2004，108（52）：19912-19916.

[59] Bae S，Kim H，Lee Y，et al. Roll-to-roll production of 30-inch graphene films for transparent electrodes. Nat Nanotechnol，2010，5：574.

第3章

石墨烯的化学剥离制备

3.1 　石墨的插层和氧化

在石墨的层状结构中插入插层剂（一般为原子、离子或分子），可以形成新的层状结构，得到的物质称为石墨插层化合物（graphite intercalation compound，GIC）。按插层过程中石墨中电荷转移情况，插层剂可分为离子型和共价型，其中离子型插层剂又可分为施主型和受主型插层剂。典型的施主型插层剂有碱金属、碱土金属、稀土金属等，通常将电子转移给石墨基底，自身以阳离子的形式插入石墨层间；受主型插层剂种类较多，有卤素、过渡金属卤化物、强酸等，通常从石墨基底中获得电子[1]。GIC 的插层过程涉及电荷转移即氧化还原过程，因此通过添加强氧化剂、提供电场等手段可以为相应的受主型/施主型插层剂提供插层的驱动力[2]，实现插层反应或使插层反应进行得更充分。例如，在硫酸、硝酸、磷酸、甲酸等体系中，进行电化学阳极氧化[3-9]，或加入氯酸盐、高锰酸盐、重铬酸盐、过硫酸盐、过氧化氢等氧化剂[1, 10-21]，可以得到相应类型、具有一定阶数的GIC。其中，制备氧化石墨烯的典型过程就是在含有插层剂的溶液中加入大量的氧化剂，以减弱石墨层间作用力，促进石墨的插层与进一步深度氧化[22]。当氧化程度足够高时，便能在石墨的每层碳原子上都引入一定量含氧官能团（—OH，C—O—C，C = O 等），使层间距进一步扩大。氟化石墨是典型的共价型 GIC[1]。

这里主要介绍这种利用插层或进一步氧化后，石墨层间作用力减弱而更容易分开的特点，将其层层剥离，最终得到薄层的氧化石墨烯或石墨烯。

3.1.1 　化学插层和氧化

目前，基于氧化石墨的化学解理法是一种实现石墨烯产业化制备的重要方法。化学解理法的主要过程是：通过氧化等方法在石墨材料的层间插入含氧基团——增大层间距、部分改变碳原子的杂化状态，从而减小石墨的层间相互作用；然后通过快速加热膨化或者超声处理等方法实现石墨的层层剥离，获得功能化的石墨烯[23-30]。

氧化石墨的制备工艺相当成熟。1859 年，Brodie 公开发表了在发烟硝酸体系中利用氯酸钾对石墨进行氧化的方法（现在通常称为 Brodie 法）[10]。并且 Brodie 还提出氯酸钾与重铬酸钾也是有效的氧化剂。Staudenmaier 于 1898 年提出了使用浓硫酸、浓硝酸以及高锰酸钾这种安全性更高的氧化方法（Staudenmaier 法）[11]。在此基础上，1959 年，Hummers 与 Offeman 提出以硝酸钠代替浓硝酸的制备方法，即 Hummers 法[12]。直到现在 Hummers 法还是学术上和工业上应用最广的方法。Hummers 法的大致流程为：将原料石墨与适量浓硫酸充分混合，在低温下缓慢加入一定比例的高锰酸钾，保持一段时间，进行初步氧化与插层；接着升高温度继续反应，缓慢加入一定量的水，然后再次升高温度，一段时间后即完成深度氧化；滴加少量过氧化氢以除去剩余的氧化剂，最后洗去杂质即可（图 3-1）。

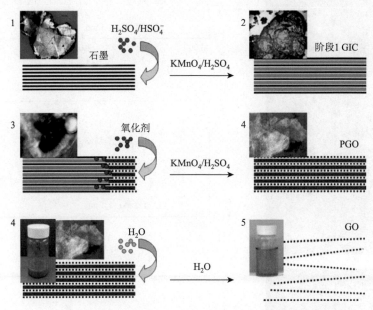

图 3-1　Hummers 法中氧化石墨具体形成过程[16]

Kovtyukhova 等较早提出用超声振荡的方法实现氧化石墨的高效率剥离[13]。但在石墨烯与氧化石墨烯的概念明确提出之前，人们只称之为"氧化石墨薄片"（graphite oxide sheets）[13]或"氧化石墨薄膜状颗粒"（thin-film particles of graphite oxide）[14]。后来，Stankovich 等采用类似的方法得到了氧化石墨烯水溶液，并将其与一种聚合物复合，再用水合肼还原，得到了还原氧化石墨烯的分散液，实现了石墨烯的氧化还原法制备[15]。

Brodie 法、Staudenmaier 法和 Hummers 法是氧化石墨三种最有代表性的制备方法。其中溶剂体系、氧化剂和工艺流程的变化体现了长时间以来氧化石墨制备方法研究的主流方向——减少药品用量，降低危险性，简化流程并缩短耗时[12-15, 17-21]。许多科研人员基于这三种主要方法，不断探索优化制备氧化石墨的新工艺，尤其是近十年来，随着石墨烯的诞生与氧化还原方法制备石墨烯的提出，关于氧化石墨的研究再次活跃起来。人们尝试在氧化剂和工艺流程上做改变，希望改善工艺，缩短生产周期，降低反应的危险性和减少污染物的产生。不同方法制备的氧化石墨烯的 AFM 图像（见图 3-2）。

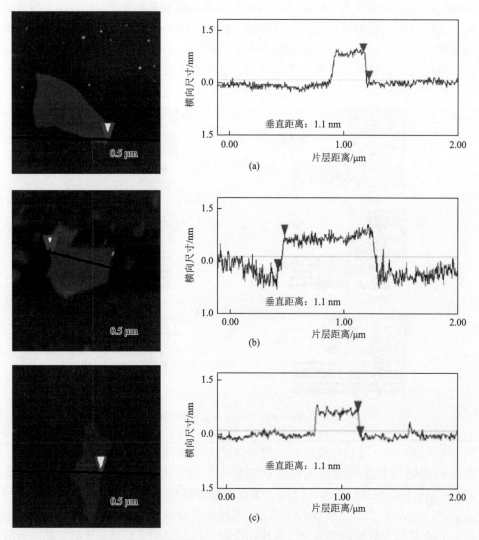

图 3-2　不同方法制备的氧化石墨烯的 AFM 图像及厚度：（a）添加过量氧化剂的改进 Hummers 法；（b）Hummers 法；（c）Marcano 等的方法[17]

Marcano 等为避免制备过程中有害气体 NO_x 的产生，在 Hummers 法基础上将高锰酸钾与石墨的质量比由 3：1 提高到 6：1，但没有使用硝酸钠，同时将溶剂换为磷酸-硫酸混合溶液（含 10%磷酸），也可以得到氧化程度较高的氧化石墨[17]，经过剥离后的氧化石墨烯片层厚度与其他方法获得的片层厚度基本一致。

Bao 等[18]采用溶剂热法，在高温高压条件下实现了石墨的一步快速氧化。将石墨、高锰酸钾、硫酸按 1 g：3 g：30 mL 的用料比在低温下混匀并注入高压反应釜中，在 100℃下反应 1.5 h，冷却后经稀释、洗涤，就得到质量良好的氧化石墨。Eigler 等[19]在低温条件下延长反应时间，使石墨的插层与氧化过程更为温和且充分，避免了剧烈氧化过程在碳片层上引入过多的缺陷。具体过程为：控制氧化温度（添加高锰酸钾后）在 10℃以下，持续 16 h；之后的加水稀释过程延长到 1 天；随后的洗涤也控制在 10℃以下完成。再经过氢碘酸与三氟醚蒸气还原剂可得到石墨烯。从 Raman 光谱上看，获得的石墨烯的 D 峰与 G 峰强度比 I_D/I_G 在 0.5～1 范围内，而 2D 峰与 G 峰强度比 I_{2D}/I_G 可达 1.5 以上，可见其碳骨架保存得非常完整，本征缺陷极少。

Peng 等[20]采用高铁酸钾代替高锰酸钾作为氧化剂，石墨、高铁酸钾、硫酸为 1 g：6 g：40 mL 的用料比下，室温下仅反应 1 h 就实现了石墨的深度氧化，得到高质量氧化石墨。但这一工作后受到 Sofer 等的质疑[21]，他们认为 Peng 等所用的商用高铁酸钾药品纯度不高，含有大量氯酸钾、硝酸钾杂质，起到氧化作用的实际上是这些杂质。而高铁酸钾本身由于在酸性环境下极不稳定，在几分钟内便分解殆尽，无法将石墨充分地氧化。

除了氧化石墨以外，通过基于可膨胀石墨（属于石墨插层化合物）以及膨胀石墨的插层-剥离的方法能得到石墨纳米薄片，其在一定程度上也可认为是层数较多的石墨烯。其过程为：在一定条件下，通过插层反应使插层剂分子插入石墨的层间，得到可膨胀石墨；然后将可膨胀石墨以电炉或微波辐射等手段快速升温，使插层剂分子迅速分解气化，产生高压，从而克服石墨层间的范德瓦耳斯力，部分地剥离开来。但由于可膨胀石墨的插入程度一般不够高，且插层剂的气化分解也通常难于氧化石墨中的含氧官能团的分解，因此经高温处理通常只能得到蠕虫状的膨胀石墨而并非片层分离的石墨烯粉体。将其投入 N-甲基吡咯烷酮等有机溶剂中进行超声处理，可以得到分散在液相中的石墨烯[30]（图 3-3）。

3.1.2　电化学插层

电化学插层是指将鳞片石墨原料制成块体阳极，在含有插层剂的电解液中施加电压，进行阳极氧化（此时阳极通常需要用聚丙烯袋、铂丝网袋等材料包裹，以防止其剥落脱离阳极，影响氧化插层的效果），此后除去多余的电解液、水洗并干燥，可得到石墨插层化合物。目前常用的电解液包括硫酸溶液、硫酸-硝酸混合

图 3-3　膨胀石墨及其剥离得到的石墨烯：（a、b）膨胀石墨的数码图片、SEM 图片；
（c）超声-离心后得到的石墨烯/NMP 溶液；（d~f）石墨烯的 AFM、TEM 图片[31]

溶液、氯化铁-盐酸水溶液、甲酸、乙酸等。以硫酸电解液中实现石墨的硫酸根插层为例，在外加电场的作用下，石墨阳极带正电，引起周围电解液中的阴离子 SO_4^{2-}、HSO_4^- 富集于石墨表面，从而在内外浓度差与静电相互作用的驱动下插入石墨层间，不需要添加或少添加氧化剂。另外，电化学法还具有工艺可控性好、插层均匀、产物性能稳定等优点。

近十余年来，人们对石墨电化学插层的方法和机理进行了广泛的研究。Kang[4]将大尺寸石墨块用铂网包裹，在浓度为98%～100%的甲酸溶液中进行阳极氧化插层，结果表明，插层产物对电流密度有密切依赖关系：电流密度越低，阳极电势越低，插层剂的极化和离子富集现象以及石墨的边缘带电现象都越弱，插层驱动力越差，使得插层程度越低。在93%的浓硫酸中，采用不同电流密度进行电化学插层，结果表明：电流密度越大，插层越充分，由此得到的膨胀石墨体积膨胀率越大，孔隙率也越高。但是，这也容易发生过度插层氧化。此外，Kang 等[5]还用浓硫酸、乙酸研究了电解质（插层剂）种类和浓度对插层的影响，结果是石墨在硫酸水溶液中的插层效果不如在硫酸/乙酸溶液中好，由此推论，虽然在硫酸水溶液中，插层剂硫酸的电离极化程度高（浓硫酸浓度<10 mol/L），但电流密度（或电压）足够高时，溶液中的水将被电解，引起电势振荡，使插层受到不利影响；而硫酸/乙酸溶液中则没有这种情况。薛美玲等[6]对电化学插层制备 GIC 以及膨胀石墨的工艺参数进行了优化：采用浓度为 85%左右的浓硫酸为电解液，硝酸钾为氧化剂，电极电势为 1.8 V，反应 3.5 h，每毫升电解液中含 0.11～0.14 g 石墨，由此得到的可膨胀石墨在 850℃下膨胀，体积膨胀率最大。

通过改变电化学插层的条件，也可实现从块体石墨电极上直接剥离制备石墨纳米片或石墨烯。在水系电解液中，当施加足够高的电压时，O_2、H_2、CO、CO_2等气体会伴随插层反应在石墨层间产生，从而将层间距进一步撑大或使片层完全剥离开（图 3-4）。Tian 等[7, 8]研究了多种水系电解液中石墨的阳极插层剥离。其中，在浓度为 4～15 mol/L 的硫酸体系里，随着浓度增大，剥离产物的产率随着硫酸浓度升高而增大（电流密度相同）；对于硝酸根插层的情况，使用硝酸的效果好于硝酸盐；在氟化物与碳酸盐水溶液中，则无法进行有效剥离。经过对结果的综合分析，Tian 等认为水系电解液中，电化学插层剥离需要特定的阴离子，且溶液环境需要活性氧。

通过阳极电化学插层氧化可以得到氧化石墨。1934 年 Thiele[9]首次报道了电化学插层的方法，他将石墨置于浓硫酸溶液中，使用高强度的电流，得到了蓝色的硫酸-石墨插层产物；此后，Boehm 等[32]与 Besenhard 等[33]分别在 70%高氯酸溶液中通过电化学氧化制得了氧化石墨，但其氧化程度明显低于化学氧化法。Besenhard认为，在硫酸体系中，电化学插层氧化的具体过程与电流密度相关，即在硫酸充分插层之后，进一步氧化的过程依赖于电流密度，且这一过程比插层过程慢很多。

3.1.3　碱金属及其他金属离子插层

碱金属及碱土金属是典型的施主型插层剂，容易经过电子转移以离子的形式存在于石墨层间形成 GIC，如 LiC_6、KC_8、KC_{24}、CaC_6 和 BaC_6 等。这种插层剂插层一般较充分，容易达到饱和，对应的插层化合物结构也较为规整。在这种

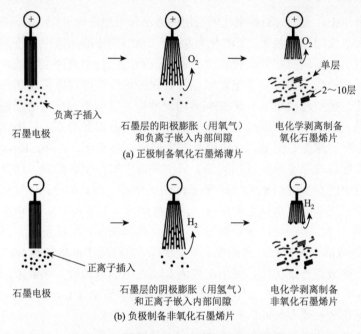

（a）正极制备氧化石墨烯薄片

（b）负极制备非氧化石墨烯片

图 3-4 石墨的电化学插层原理示意图[3]

金属离子插层后，石墨片层会被撑开并带上负电荷，导致层间作用力减弱。此时在适宜的条件下，如在合适的溶剂中施以快速的剪切力或超声振荡，可以将其剥离为石墨烯。

关于石墨的金属插层的报道最早见于 1926 年，Fredenhagen 和 Cadenbach[34]将石墨与熔融的金属钾混合在一起，得到原子比约为 1∶4 的石墨插层化合物 KC_4。

1952 年，Quarterman 与 Primak 等利用差热分析法估算 K 的石墨插层化合物[35]，结果表明，在略高于钾熔点时，钾插层石墨的饱和插层比例可表示为 $KC_{3.7}$。这两项研究的结果符合得较好，但多数研究难以达到 KC_4 的化学计量比[36]。

后来的研究大多表明，KC_8（一阶 GIC）是正常条件下钾在石墨中的饱和插层化合物，一般在常压下将石墨与金属钾混合，并在保护气氛下搅拌加热到 150～200℃使其发生固相反应，数小时后可得到（图 3-5）。通过加压可以使碱金属插层量进一步增加，在约 2000 atm（1 atm = $1.01325×10^5$ Pa）的高压下，Fischer 等[38]和 Nalimova 等[39]分别制得了 KC_4 和 KC_6，两者都是一阶 GIC，其中钾层的原子排布与 KC_8 相比更为密集。在通常条件下，由于钠的插层特性与其他碱金属差别较大，难以插入石墨层中，钠的饱和插层化合物只能达到六阶，即 NaC_{48}[40]，与高压下插层并用差热分析得到的结果相差很大。Hérold 等[37]认为某些过饱和碱金属插层化合物的形成是由杂质元素导致的，他们将插层所用的熔融钠稍作氧化，引入少量的过氧化钠，再在 470℃下反应数天，可得到钠含量相当高的三元插层化合物 $NaC_{4.75}O_{0.35}$。

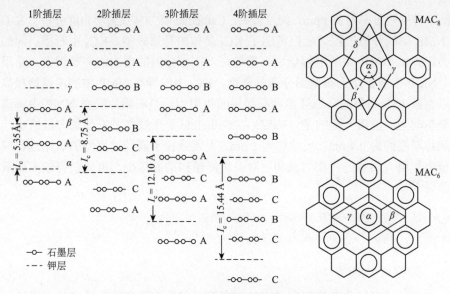

图 3-5　不同阶数 K-GIC 的层间结构示意图及两种碱金属（MA）
插层 GIC 的层内结构示意图[37]

除了纯碱金属插层外，通过引入第三种元素，如 Hg、Tl、Sb 或 As 等，可以构成三元插层化合物。Lagrange[41]将石墨与 K-Hg 合金真空混合密封并加热，得到了 KHgC$_4$，XRD 表征得出其 c 轴方向按 C-K-Hg-K-C 逐层排列，钾层内的排布方式与 KC$_8$ 相同。此外，Rb-Hg、K-Tl、Rb-Tl 以及几种含 Bi 的碱金属合金也能与石墨形成三元插层化合物。Lagrange 还发现了这种三元插层化合物的超导性，但其超导转变温度较低，都不高于 4.05 K。在 Lagrange 之前，Hannay 等[42]在研究中就发现 CaC$_6$ 在常压下具有 11.5 K 的超导转变温度，并且会随着压强升高而升高。Hagiwara 等[43]在熔融的 NaCl/KCl 共晶混合物体系中，加入待插层金属的氯化物和石墨，在低于 400℃温度下实现了几种镧系稀土（Ln）金属 Nd、Sm、Dy、Er、Yb 的插层，形成化学计量比为 LnC$_6$ 的 GIC。

碱金属插层也可在某些溶剂中发生。Klein 等[44]利用零价钴[Co(C$_2$H$_4$)(PMe$_3$)$_3$]催化，在戊烷体系中使石墨与钾在常温下反应一天，得到了 KC$_8$；当金属钾量不足时，经过数天的进一步反应，也可得到均一的高阶插层产物 KC$_{24}$。对于另两种碱金属铷和铯，研究者也观察到了类似的现象。

金属离子插层后的 GIC 可以较为容易地实现剥离，从而获得石墨烯。Vallés 等[45]将石墨投入含有萘钾的四氢呋喃（THF）溶液中，石墨与钾的原子比 C/K 为 8，在惰性气氛下搅拌反应 24 h，得到 K 插层石墨（K-GIC）[46]。然后将得到的 K-GIC 加入 N-甲基吡咯烷酮（NMP）中（0.5 mg/mL）搅拌 24 h，离心去除沉淀后得到浓度为 0.15 mg/mL 的石墨烯分散液。经原子吸收光谱测定，这种石墨烯/NMP 分散液中钾的残留率为 36 ppm，纯度较高。Catheline 等[47]从热力学角度分析了 K-GIC 在 NMP 中的分散过程。他们考虑了 KC_8 晶体的马德隆能、KC_8 中石墨层间的作用力、钾在 NMP 中的溶解焓、石墨烯在溶剂中分散的自由能变等因素。结果表明，NMP 很适于作为石墨烯分散的溶剂，KC_8 中的钾在 NMP 中的溶解焓极高，足以克服 KC_8 晶体的马德隆能和石墨层间作用力，是石墨片层在 NMP 中剥离的主要驱动力。值得一提的是，Vallés 与 Catheline 等所制得的石墨烯分散液中，石墨烯片厚度约为 0.4 nm，尺寸约为 1 μm。上述途径不需经过剧烈的氧化过程或强机械力作用，制备过程相对温和，对石墨烯结构的破坏少，可以获得较高质量的石墨烯[45-47]。

3.2　化学剥离方法

3.2.1　液相化学剥离

如前所述，氧化石墨很容易在溶剂中剥离成为少层和单层的氧化石墨烯，通过添加还原剂，或直接用溶剂热法，就可以得到还原氧化石墨烯。但是这种还原氧化石墨烯带有一定量的含氧官能团和大量结构缺陷[24, 48, 49]。为了获得高质量的石墨烯，研究者们尝试将鳞片石墨或膨胀石墨等石墨原料置于适当的溶剂或表面活性剂的水溶液中，并提供一定的物理作用力（如超声波），也可以不经过氧化而实现石墨的剥离，得到结构缺陷较少的石墨烯。

上面这几种方法都需要在溶液相中进行，统称为液相剥离法。该法可操作性较强，也是一种适于量产的方法（图 3-6）。液相剥离不但需要克服石墨的层间作用力，实现片层的相互分离，还需要保证分离后的片层可以在溶剂中稳定地分散。Coleman 等较早对液相剥离法进行了研究。他们从 2006 年开始研究单壁碳纳米管在溶剂中稳定分散的理论，并借鉴上述经验成功地将石墨在 NMP 溶液中经过短时间的低强度超声波处理剥离为石墨烯，离心后得到稳定的石墨烯分散液[51]。但是该方法产率较低，质量分数仅为 1%，通过重复上述过程，最终产率可达 12% 左右。在不同有机溶剂中，包括 N, N-二甲基乙酰胺（DMA）、γ-丁内酯（GBL）以及 1, 3-二甲基-2-咪唑啉酮等，都可以实现剥离。Dai 等[52]采用相对复杂的方法在 DMF 中得到稳定的单层石墨烯（GS）分散液，将其从 DMF 中置换到二氯乙烷中，仍能很好地稳定分散。GS 上带有少量的亲水性含氧官能团（—OH、—COOH等），其主要分布在边缘区域，碳的晶格网络较为完整，因而具有很好的导电性。由于 GS 介于亲水与憎水之间，它在多种有机溶剂中能很好地分散。

除了石墨烯外，液相剥离法还可用于制备其他二维材料，如氮化硼（BN）、二硫化钼（MoS_2）、二硫化钨（WS_2）、二硒化铌（$NbSe_2$）、二硒化钽（$TaSe_2$）、二硼化镁（MgB_2）、氮化镓（GaN）等[53-60]。尽管研究者开发了多种多样的方法

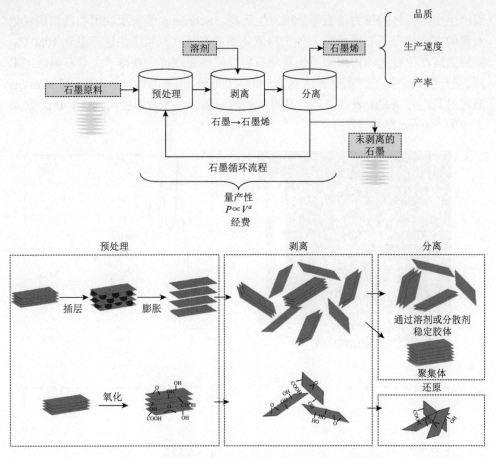

图 3-6　石墨烯液相剥离法制备关键流程及示意图[50]

实现石墨烯的液相剥离，但实际上在工业化生产中仍然难以得到分散良好的高质量单层石墨烯。

3.2.2　热化学剥离

　　除液相剥离外，另一种化学剥离的手段便是热化学剥离。氧化石墨片层表面存在着大量的含氧官能团，而通过对其进行快速升温的高温处理，含氧官能团受热以气体形态释放（包括水、一氧化碳、二氧化碳等），在瞬间释放过程中造成强大内应力，使氧化石墨片层内外产生足够大的压力差，从而达到片层剥离的效果。同时，随着含氧官能团的脱除，氧化石墨得到还原，便可制备得到单层石墨烯[61-64]。该方法反应时间短、剥离效率高，适合大规模制备生产。

　　热化学剥离法制备石墨烯的关键环节是使层间含氧官能团快速分解气化，从而产生由内而外的推力使石墨片层发生剥离。Schniepp 等首次利用加热剥离氧化石墨的方法获得了石墨烯[61]。他们将氧化石墨在氩气气氛下快速升温到 1050℃，片层之间产生很大的内应力而使氧化石墨片层迅速剥离，获得了大量石墨烯纳米片。剥开的氧化石墨膨胀比例达到了 500～1000 倍，比表面积可达 400～1200 m²/g。通过对其进行 AFM 表征发现，剥离得到的石墨烯纳米片厚度约为 1.1 nm，片层大小为 500 nm 左右（图 3-7）。

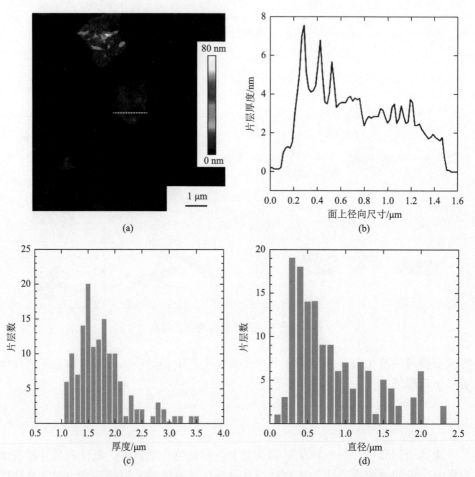

图 3-7　热化学剥离法制备的石墨烯片层 AFM 图（a）及尺寸（b）、厚度分布图（c，d）[61]

　　热化学剥离过程中升温速率和温度对剥离效果有着显著的影响。研究表明，当加热温度在 200～1000℃时，由气体逸出而产生的层间压力可以达到 200～600 MPa，是层间范德瓦耳斯力的 80～240 倍。但是较慢的升温速率无法产生足够的内应力，只有当升温速率大于 5℃/min 时，裂解产生气体的速率才能远远高于气体逸出的速率，在层间产生高压，使氧化石墨片层剥离[61,65,66]。McAllister 等通过对剥离过程的理论分析以及实验研究，提出在常规条件下，热化学剥离的最低温度是 550℃[62]；而在实际操作中，氧化石墨需要瞬间升温到 1000℃以上才能实现片层间的充分剥离。类似的热化学剥离方法早在石墨烯出现之前就已经存在，主要是用来制备膨胀石墨或膨胀的氧化石墨。Boehm 等发现在较低的温度（约 400℃）下便可以得到热膨胀的氧化石墨，小于 McAllister 等提出的临界温度。当采用其他的石墨插层化合物时，如溴化合物插层石墨，实现剥离的温度也远远低于 550℃。但是上述低温过程只能实现片层的部分剥离，比表面积较低（<100 m^2/g），远远小于石墨烯的理论值以及高温下热化学剥离制备的石墨烯的比表面积[10-13, 29, 30, 67-72]。笔者课题组在对氧化石墨热行为进行分析的基础上，发展了低温负压化学剥离制备石墨烯的新工艺。实现低温剥离的实质是：通过营造真空环境，在低温下实现官能团分解的同时使氧化石墨片层内外产生足够的压力差。由于这种方法条件相对温和，获得的石墨烯可能具有较完整的微观结构。图 3-8 是高温常压以及低温负压制备石墨烯的原理示意图。利用这种方法，可以轻易制备出比较大量的石墨烯材料，比表面积在 300～500 m^2/g，低温过程保留了较多的活性官能团，其具有很好的电化学储能应用潜力[64]。

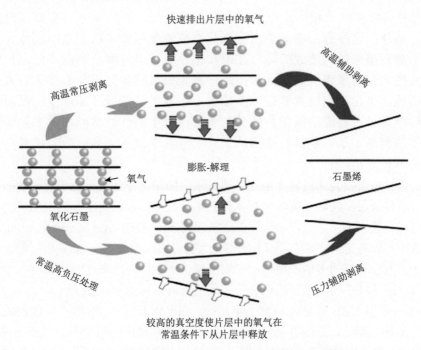

图 3-8　高温常压、低温负压制备石墨烯原理图[62]

除了常规加热的方法之外，另外一种加热方式便是微波加热。微波加热与常规直接加热方法相比可以实现更加充分、均匀的内部加热，而且温度梯度小，能量利用率高，节能高效，如图 3-9 所示[73]。常规加热需要通过热传导逐渐从外部到内部进行加热，形成热梯度，因此加热速度慢。而微波热剥离并不需要热传导的过程，可以使得氧化石墨内外同时受热，因此升温快且均匀，可提高样品的质量和均一性。

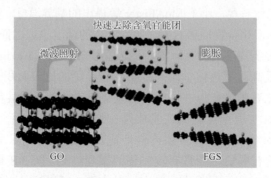

图 3-9 微波剥离氧化石墨示意图[73]

3.2.3 电化学剥离

与热化学剥离法相比，电化学剥离工艺简单，耗时少，不需要高温加热处理。另外，这种方法不需要在强氧化性或者强还原性的体系中进行，从而避免了对石墨烯结构造成破坏，在温和条件下可以获得缺陷程度低、尺寸大小从几纳米到微米级的石墨烯片，是一种大批量制备高质量石墨烯的方法。如前所述，电化学剥离主要是以石墨为工作电极，通过外加电压的作用，实现电解液离子对石墨的插层，同时在电解所产生的气体共同作用下，实现石墨片层的剥离，从而获得石墨烯纳米片。电化学剥离主要分为阴极剥离和阳极剥离两种方法。

阴极剥离主要是通过施加电压，电解液中的阳离子迁移至位于阴极的石墨电极层间进行插层，同时在阴极电解水产生氢气气泡，在阳离子和气泡的共同作用下实现对石墨剥离[74-77]。Wang 等在高氯酸锂/聚碳酸酯（$LiClO_4$/polycarbonate）电解液中，以高定向热解石墨（HOPG）为阴极，在外加 10～20 V 电压的情况下制备了分散性较好的多层石墨烯，平均厚度小于 5 层，产率可以达到 70%[74]。研究表明，Li^+ 和 PC 的插层作用促进了片层的剥离，如图 3-10 所示。

Zhou 等以 NaCl 和 DMSO 作为插层剂，在 5 V 电压下，钠离子与 DMSO 结合后插入石墨层间形成三元插层结构[75]，层间距是石墨层间距的 4 倍，从而促使石墨发生膨胀，进而剥离制备得到石墨烯。通过该方法制备得到的石墨烯边缘缺陷少，电导率大大提高。其他方法如以[BMP]Tf_2N 作为电解液，通过阳离子[BMP]$^+$的插层作用来实现石墨的剥离，也可以得到无缺陷、片层厚度在 2～5 层的高质量石墨烯[77]。

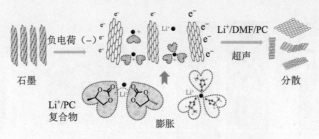

图 3-10 Li^+ 和 PC 协同作用剥离制备石墨烯[74]

以石墨为阳极进行剥离制备石墨烯的主要原理与阴极剥离类似，在电场作用下，通过电解液中的阴离子在石墨阳极实现插层，增大层间距；同时阳极电解水产生的气体促进石墨的膨胀和剥离，从而制备得到石墨烯[78-84]。阳极剥离法主要的电解液体系是硫酸体系，硫酸根尺寸为 0.46 nm，更容易插入石墨层。Su 等利用硫酸水溶液在 $-10\sim10$ V 脉冲电压的作用下，成功剥离制备得到了石墨烯，其片层平均厚度在 10 层以内[81]。但是由于在此电压范围内反应速率过快以及电压过高等问题，所制备得到的石墨烯缺陷和官能团较多，因此需要后续热处理来提高导电性。

Parvez 等在 0.1 mol/L H_2SO_4 溶液中通过外加 10 V 电压 2 min 便成功剥离制备得到了高质量的石墨烯，如图 3-11 所示。所得的石墨烯中有约 80%为单层到 3 层的石墨烯，片层尺寸大，含氧量低，因此有着非常好的导电性，可以与 CVD 方法制备得到的石墨烯相媲美[79]。他们还研究了不同硫酸盐体系电解液对石墨的剥离效果，避免了使用强酸电解质，从而有效降低了石墨烯的氧化程度。结果表明，使用硫酸铵为电解液进行剥离可以得到大尺寸薄层石墨烯，尺寸超过 5 μm，层数在 3 层以内，剥离过程如图 3-12 所示[80]。

除了硫酸根外，表面活性剂、其他阴离子如硝酸根离子、氯离子、磷酸根离子等也可实现石墨的电化学插层剥离[85-89]。Wang 等选取苯乙烯磺酸钠溶液作为电解液，通过磺酸根的插层剥离制备得到石墨烯[7, 85]。磺酸根不仅可以实现石墨的插层剥离，同时作为表面活性剂稳定剥离得到的石墨烯，防止片层的堆叠团聚。Alanyahoglus 等以十二烷基硫酸钠（SDS）溶液为电解液，得到了稳定的 SDS/石墨烯分散液[86]。Lu 等以 70%的硝酸溶液作为电解液，硝酸根自发转化为 NO^{2+}，同时氧化石墨边缘产生含氧官能团，可以促进石墨片层的剥离[87]。

综上所述，阳极氧化剥离石墨制备石墨烯虽然操作简单，但是也存在着石墨烯片层易氧化、产生结构缺陷等问题；而通过阴极剥离过程避免了氧化剂使用，从而使氧化程度及缺陷度明显降低。

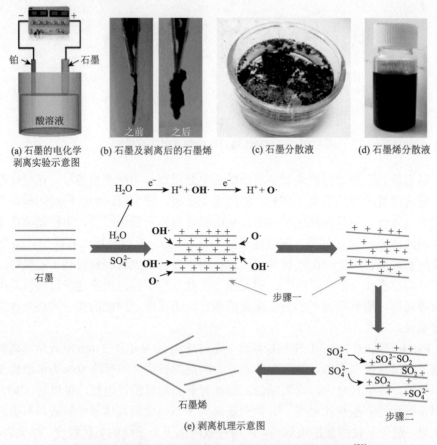

(a) 石墨的电化学　　(b) 石墨及剥离后的石墨烯　　(c) 石墨分散液　　(d) 石墨烯分散液
　　剥离实验示意图

(e) 剥离机理示意图

图 3-11　硫酸电化学剥离制备石墨烯实验及原理示意图[79]

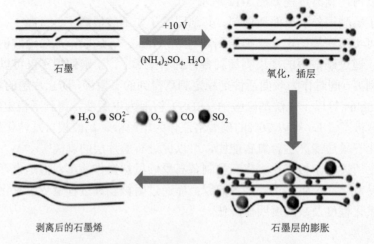

图 3-12　硫酸根插层剥离制备石墨烯示意图[80]

3.2.4　其他剥离方法

　　除了上述提到的主要方法以外，利用超临界流体法也可实现石墨剥离制备石墨烯。超临界流体同时具有气态和液态的特征，因此既有液体的溶解性，又有气体的高扩散性。利用超临界流体自身具有的这种特性可以实现对石墨的快速插层，因此可以用来进行石墨烯的剥离制备[90, 91]。

　　目前最常用的超临界流体为超临界二氧化碳（sc-CO_2），其无毒、成本低，后续与产物分离非常方便。与液相剥离技术相比，该法可以有效避免使用大量的有机溶剂，是一种制备高质量石墨烯的新途径。利用二氧化碳超临界流体剥离制备石墨烯的机理如图 3-13 所示[92]。由于 sc-CO_2 分子小于石墨层间距，因此可以实现对石墨层间的快速扩散插层。随后快速降压下 sc-CO_2 气体膨胀产生的压力将石墨剥离为石墨烯[93-95]。除了单纯利用 sc-CO_2 之外，胡玉婷等在 sc-CO_2 体系下研究了引入不同插层剂 NMP、DMF 和 SDBS[96]对于石墨烯剥离效果的影响。超临界流体剥离石墨烯作为一种新的方法，与传统的氧化还原法、电化学剥离等方法相比，具有工艺简单、成本低、无毒环保等优点，适于高质量石墨烯的量产。

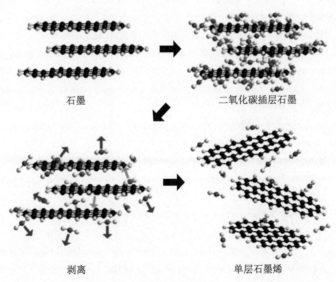

石墨　　　　　　　　　　　　二氧化碳插层石墨

剥离　　　　　　　　　　　　单层石墨烯

图 3-13　二氧化碳超临界流体剥离制备石墨烯原理图[92]

3.3　小结

　　石墨烯"自上而下"制备方法的基本思路是先通过氧化插层或电化学插层等

方法在石墨的层状结构中插入插层剂增大片层间距，从而得到石墨插层化合物以有利于后续的剥离。得到的石墨插层化合物再经过液相剥离、热化学剥离、电化学剥离等剥离方法，而将其剥离成单层或者少层的石墨烯。其中实验室最常见的方法是先通过氧化插层在石墨材料的层间插入含氧基团增大层间距，再通过液相超声剥离即可得到氧化石墨烯的分散液。但是这种常规的制备方法不仅耗时而且成本较高，探索和改进石墨烯或氧化石墨烯的方法与工艺，切实推动石墨烯的大规模制备与应用仍是极具挑战性的。

参 考 文 献

[1] Inagaki M，Kang F. Carbon Materials Science and Engineering：from Fundamentals to Applications. Beijing：Tsinghua University Press，2006.

[2] Boehm H P，Setton R，Stumpp E. Nomenclature and terminology of graphite intercalation compounds. Carbon，1986，24（2）：241-245.

[3] Low C T J，Walsh F C，Chakrabarti M H，et al. Electrochemical approaches to the production of graphene flakes and their potential applications. Carbon，2013，54（4）：1-21.

[4] Kang F. Electrochemical synthesis of graphite intercalation compounds with low-or non-sulfur content. Clathrate Compounds，1997，35：1089-1096.

[5] Kang F，Zhang T Y，Leng Y. Electrochemical behavior of graphite in electrolyte of sulfuric and acetic acid. Carbon，1997，35（8）：1167-1173.

[6] 薛美玲，于永良，任志华，等. 电化学法制造膨胀石墨的再改进. 精细化工，2002，19（10）：567-570.

[7] Tian L，Wen M，Li L，et al. Disintegration of graphite matrix from the simulative high temperature gas-cooled reactor fuel element by electrochemical method. Electrochimica Acta，2009，54（28）：7313-7317.

[8] Tian L，Wen M，Chen J. Analysis of electrochemical disintegration process of graphite matrix. Electrochimica Acta，2011，56（2）：985-989.

[9] Thiele H. The swelling of graphite at the anode and the mechanical disintegration of carbon anodes. Z Elektrochem，1934，40：26.

[10] Brodie B C. On the atomic weight of graphite. Philosophical Transactions Royal Society，1859，149：249-259.

[11] Staudenmaier L. Verfahren zur darstellung der graphitsaure. Berichte der Deutschen Chemischen Gesellschaft，1898，31：1481-1487.

[12] Hummers W S，Offeman R E. Preparation of graphitic oxide. Journal of the American Chemical Society，1958，80：1339.

[13] Kovtyukhova N I，Ollivier P J，Martin B R，et al. Layer-by-layer assembly of ultrathin composite films from micron-sized graphite oxide sheets and polycations. Chemistry of Materials，1999，11（3）：771-778.

[14] Hirata M，Gotou T，Horiuchi S，et al. Thin-film particles of graphite oxide 1：high-yield synthesis and flexibility of the particles. Carbon，2004，42（14）：2929-2937.

[15] Zhang X，Zhang Q M，Wang X G，et al. An extremely simple method for protecting lithium anodes in Li-O_2 batteries. Angewandte Chemie International Edition，2018，57（39）：12814-12818.

[16] Dimiev A M，Tour J M. Mechanism of graphene oxide formation. ACS Nano，2014，8（3）：3060-3068.

[17] Daniela C M，Dmitry V K，Jacob M B，et al. Improved synthesis of graphene oxide. ACS Nano，2010，4（8）：

4806-4814.

[18] Bao C, Song L, Xing W, et al. Preparation of graphene by pressurized oxidation and multiplex reduction and its polymer nanocomposites by masterbatch-based melt blending. Journal of Materials Chemistry, 2012, 22 (13): 6088-6096.

[19] Siegfried E, Michael E H, Stefan G, et al. Wet chemical synthesis of graphene. Advanced Materials, 2013, 25 (26): 3583-3587.

[20] Peng L, Xu Z, Liu Z, et al. An iron-based green approach to 1-h production of single-layer graphene oxide. Nature Communications, 2015, 6: 5716.

[21] Sofer Z, Luxa J, Jankovský O, et al. Synthesis of graphene oxide by oxidation of graphite with ferrate (Ⅵ) compounds: myth or reality? . Angewandte Chemie International Edition, 2016, 55 (39): 11965-11969.

[22] Li G, Chen Z, Lu J. Lithium-sulfur batteries for commercial applications. Chem, 2018, 4 (1): 3-7.

[23] Gilje S, Han S, Wang M, et al. A chemical route to graphene for device applications. Nano Letters, 2007, 7 (11): 3394-3398.

[24] Stankovich S, Dikin D A, Piner R D, et al. Synthesis of graphene-based nanosheets via chemical reduction of exfoliated graphite oxide. Carbon, 2007, 45 (7): 1558-1565.

[25] Dan L, Marc B M, Scott G, et al. Processable aqueous dispersions of graphene nanosheets. Nature Nanotechnology, 2008, 3 (2): 101-105.

[26] Stankovich S, Piner R D, Nguyen S T, et al. Synthesis and exfoliation of isocyanate-treated graphene oxide nanoplatelets. Carbon, 2006, 44 (15): 3342-3347.

[27] Vincent C T, Matthew J A, Yang Y, et al. High-throughput solution processing of large-scale graphene. Nature Nanotechnology, 2009, 4 (1): 25-29.

[28] Hannes C S, Je-Luen L, Michael J M, et al. Functionalized single graphene sheets derived from splitting graphite oxide. Journal of Physical Chemistry B, 2006, 110 (17): 8535-8539.

[29] Wu Z S, Ren W, Gao L, et al. Synthesis of high-quality graphene with a pre-determined number of layers. Carbon, 2009, 47 (2): 493-499.

[30] McAllister M J, Li J L, Adamson D H, et al. Single sheet functionalized graphene by oxidation and thermal expansion of graphite. Chemistry of Materials, 2007, 19 (18): 4396-4404.

[31] Gu W, Zhang W, Li X, et al. Graphene sheets from worm-like exfoliated graphite. Journal of Materials Chemistry, 2009, 19 (21): 3367-3369.

[32] Boehm H P, Eckel M, Scholz W. Untersuchungen am graphitoxid. V. über den bildungsmechanismus des graphitoxids. Zeitschrift Für Anorganische Und Allgemeine Chemie, 1967, 353 (5-6): 236-242.

[33] Besenhard J O, Fritz H P. Über die reversibilität der elektrochemischen graphitoxydation in säuren. Zeitschrift Für Anorganische Und Allgemeine Chemie, 1975, 416 (2): 106-116.

[34] Fredenhagen K, Cadenbach G. Die Bindung von kalium durch kohlenstoff. Zeitschrift für anorganische und allgemeine. Chemie, 1926, 158: 249.

[35] Wang H S, Lin D C, Liu Y Y, et al. Ultrahigh-current density anodes with interconnected Li metal reservoir through overlithiation of mesoporous AlF_3 framework. Science Advances, 2017, 3 (9): e1701301.

[36] Li C, Xie B, Chen D, et al. Ultrathin graphite sheets stabilized stearic acid as a composite phase change material for thermal energy storage. Energy, 2019, 166: 246-255.

[37] Dresselhaus M S, Dresselhaus G. Intercalation compounds of graphite, Advances in Physics, 1981, 30: 139-326.

[38] Fischer J E, Kim H J. Staging transitions at constant concentration in intercalated graphite. Synthetic Metals,

1985，12（1）：137-142.

[39] Nalimova V A，Avdeev V V，Semenenko K N. New alkali metal-graphite intercalation compounds at high pressures. Materials Science Forum，1992，91：11-16.

[40] Metrot A，Guerard D，Billaud D，et al. New results about the sodium-graphite system. Synthetic Metals，1980，1（4）：363-369.

[41] Lagrange P. Graphite-alkali metal-heavy metal ternary compounds：synthesis，structure，and superconductivity. Journal of Materials Research，1987，2：839-845.

[42] Hannay N B，Geballe T H，Matthias B T，et al. Superconductivity in graphitic compounds. Physical Review Letters，1965，14（7）：225-226.

[43] Hagiwara R，Ito M，Ito Y. Graphite intercalation compounds of lanthanide metals prepared in molten chlorides. Carbon，1996，34（12）：1591-1593.

[44] Yang C，Xie H，Ping W，et al. An electron/ion dual-conductive alloy framework for high-rate and high-capacity solid-state lithium-Metal batteries. Advanced Materials，2019，31（3）：e1804815.

[45] Cristina V，Carlos D，Hassan S，et al. Solutions of negatively charged graphene sheets and ribbons. Journal of the American Chemical Society，2008，130（47）：15802-15804.

[46] Alain P，Philippe P，Alain D，et al. Spontaneous dissolution of a single-wall carbon nanotube salt. Journal of the American Chemical Society，2005，127（1）：8-9.

[47] Catheline A，Vallés C，Drummond C，et al. Graphene solutions. Chemical Communications，2011，47（19）：5470-5472.

[48] Goki E，Giovanni F，Manish C. Large-area ultrathin films of reduced graphene oxide as a transparent and flexible electronic material. Nature Nanotechnology，2008，3（5）：270-274.

[49] Kudin K N，Ozbas B，Schniepp H C，et al. Raman spectra of graphite oxide and functionalized graphene sheets. Nano Letters，2008，8（1）：36-41.

[50] Parviz D，Irin F，Shah S A，et al. Challenges in liquid-phase exfoliation，processing，and assembly of pristine graphene. Advanced Materials，2016，28（40）：8796-8818.

[51] Yenny H，Valeria N，Mustafa L，et al. High-yield production of graphene by liquid-phase exfoliation of graphite. Nature Nanotechnology，2008，3（9）：563-568.

[52] Li X，Zhang G，Bai X，et al. Highly conducting graphene sheets and Langmuir-Blodgett films. Nature Nanotechnology，2008，3（9）：538-542.

[53] Dmitri G，Yoshio B，Yang H，et al. Boron nitride nanotubes and nanosheets. ACS Nano，2010，4（6）：2979-2993.

[54] Coleman J N，Lotya M，O'Neill A，et al. Two-dimensional nanosheets produced by liquid exfoliation of layered materials. Science，2011，331（6017）：568-571.

[55] Kangho L，Hye-Young K，Mustafa L，et al. Electrical characteristics of molybdenum disulfide flakes produced by liquid exfoliation. Advanced Materials，2011，23（36）：4178-4182.

[56] Nicolosi V，Chhowalla M，Kanatzidis M G，et al. Liquid exfoliation of layered materials. Science，2013，340（6139）：1226419.

[57] Wang Q H，Kalantar-Zadeh K，Kis A，et al. Electronics and optoelectronics of two-dimensional transition metal dichalcogenides. Nature Nanotechnology，2012，7（11）：699-712.

[58] Smith R J，King P J，Mustafa L，et al. Large-scale exfoliation of inorganic layered compounds in aqueous surfactant solutions. Advanced Materials，2011，23（34）：3944-3948.

[59] Das S K，Bedar A，Kannan A，et al. Aqueous dispersions of few-layer-thick chemically modified magnesium

diboride nanosheets by ultrasonication assisted exfoliation. Scientific Reports，2015，5：10522.

[60]　Balushi Z Y A，Wang K，Ghosh R K，et al. Two-dimensional gallium nitride realized via graphene encapsulation. Nature Materials，2016，15（11）：1166-1171.

[61]　Schniepp H C，Li J L，McAllister M J，et al. Functionalized single graphene sheets derived from splitting graphite oxide. Journal of Physical Chemistry B，2006，110：8535-8539.

[62]　McAllister M J，Li J L，Adamson D H，et al. Single sheet functionalized graphene by oxidation and thermal expansion of graphite. Chemistry of Materials，2007，19：4396-4404.

[63]　Zhang H B，Wang J W，Yan Q，et al. Vacuum-assisted synthesis of graphene from thermal exfoliation and reduction of graphite oxide. Journal of Materials Chemistry，2011，21（14）：5392-5397.

[64]　Lv W，Tang D M，He Y B，et al. Low-temperature exfoliated graphenes：vacuum-promoted exfoliation and electrochemical energy storage. ACS Nano，2009，3（11）：3730-3736.

[65]　Jung I，Field D A，Clark N J，et al. Reduction kinetics of graphene oxide determined by electrical transport measurements and temperature programmed desorption. Journal of Physical Chemistry C，2009，113（43）：18480-18486.

[66]　Chen C M，Huang J Q，Zhang Q，et al. Annealing a graphene oxide film to produce a free standing high conductive graphene film. Carbon，2012，50（2）：659-667.

[67]　Boehm H P，Clauss A，Fischer G O，et al. Das adsorptionsverhalten sehr dünner kohlenstoff-folien. Zeitschrift Für Anorganische Und Allgemeine Chemie，1962，316（3-4）：119-127.

[68]　Boehm H P，Scholz W. Der "verpuffungspunkt" des graphitoxids. Zeitschrift Für Anorganische Und Allgemeine Chemie，1965，335（1-2）：74-79.

[69]　Chung D D L. Exfoliation of graphite. Journal of Materials Science，1987，22（12）：4190-4198.

[70]　Chung G C，Kim H J，Yu S I，et al. Origin of graphite exfoliation-an investigation of the important role of solvent cointercalation. Journal of the Electrochemical Society，2000，147（12）：4391-4398.

[71]　Chung D D L. Intercalate vaporization during the exfoliation of graphite intercalated with bromine. Carbon，1987，25（3）：361-365.

[72]　Viculis L M，Mack J J，Mayer O M，et al. Intercalation and exfoliation routes to graphite nanoplatelets. Journal of Materials Chemistry，2005，15（9）：974-978.

[73]　薛露平. 石墨烯及其纳米结构复合物的制备和性能研究. 南京：南京航空航天大学，2011.

[74]　Wang J，Manga K K，Bao Q，et al. High-yield synthesis of few-layer graphene flakes through electrochemical expansion of graphite in propylene carbonate electrolyte. Journal of the American Chemical Society，2011，133（23）：8888-8891.

[75]　Zhou M，Tang J，Cheng Q，et al. Few-layer graphene obtained by electrochemical exfoliation of graphite cathode. Chemical Physics Letters，2013，572（572）：61-65.

[76]　Abdelkader A M，Kinloch I A，Dryfe R A W. Continuous electrochemical exfoliation of micrometer-sized graphene using synergistic ion intercalations and organic solvents. ACS Applied Materials & Interfaces，2014，6（3）：1632-1639.

[77]　Yang Y，Lu F，Zhou Z，et al. Electrochemically cathodic exfoliation of graphene sheets in room temperature ionic liquids N-butyl，methylpyrrolidinium bis（trifluoromethylsulfonyl）imide and their electrochemical properties. Electrochimica Acta，2013，113（4）：9-16.

[78]　Liu J，Poh C K，Zhan D，et al. Improved synthesis of graphene flakes from the multiple electrochemical exfoliation of graphite rod. Nano Energy，2013，2（3）：377-386.

[79] Khaled P，Rongjin L，Sreenivasa R P，et al. Electrochemically exfoliated graphene as solution-processable，highly conductive electrodes for organic electronics. ACS Nano，2013，7（4）：3598-3606.

[80] Parvez K，Wu Z S，Li R，et al. Exfoliation of graphite into graphene in aqueous solutions of inorganic salts. Journal of the American Chemical Society，2014，136（16）：6083-6091.

[81] Su C Y，Lu A Y，Xu Y，et al. High-quality thin graphene films from fast electrochemical exfoliation. ACS Nano，2011，5（3）：2332-2339.

[82] Guo H L，Wang X F，Qian Q Y，et al. A green approach to the synthesis of graphene nanosheets. ACS Nano，2009，3（9）：2653-2659.

[83] Zhang W，Zeng Y，Xiao N，et al. One-step electrochemical preparation of graphene-based heterostructures for Li storage. Journal of Materials Chemistry，2012，22（17）：8455-8461.

[84] Hernandez Y，Nicolosi V，Lotya M，et al. High-yield production of graphene by liquid-phase exfoliation of graphite. Nature Nanotechnology，2008，3：563-568.

[85] Wang H，Cui L F，Yang Y，et al. Mn_3O_4-graphene hybrid as a high-capacity anode material for lithium ion batteries. Journal of the American Chemical Society，2010，132（40）：13978-13980.

[86] Deng D，Pan X，Zhang H，et al. Freestanding graphene by thermal splitting of silicon carbide granules. Advanced Materials，2010，22（19）：2168-2171.

[87] Jiang J，Lin Z，Ye X，et al. Graphene synthesis by laser-assisted chemical vapor deposition on Ni plate and the effect of process parameters on uniform graphene growth. Thin Solid Films，2014，556（4）：206-210.

[88] Munuera J M，Paredes J I，Enterria M，et al. Electrochemical exfoliation of graphite in aqueous sodium halide electrolytes towards low oxygen content graphene for energy and environmental applications. ACS Applied Materials & Interfaces，2017，9（28）：24085-24099.

[89] Kondo Y，Miyahara Y，Fukutsuka T，et al. Electrochemical intercalation of bis（fluorosulfonyl）amide anions into graphite from aqueous solutions. Electrochemistry Communications，2019，100：26-29.

[90] Serhatkulu G K，Dilek C，Gulari E. Supercritical CO_2 intercalation of layered silicates. Journal of Supercritical Fluids，2006，39（2）：264-270.

[91] Li C C，Xie B S，Chen D L，et al. Ultrathin graphite sheets stabilized stearic acid as a composite phase change material for thermal energy storage. Energy，2019，166：246-255.

[92] Sim H S，Kim T A，Lee K H，et al. Preparation of graphene nanosheets through repeated supercritical carbon dioxide process. Materials Letters，2012，89（25）：343-346.

[93] Pu N W，Wang C A，Sung Y，et al. Production of few-layer graphene by supercritical CO_2 exfoliation of graphite. Materials Letters，2009，63（23）：1987-1989.

[94] Gao H，Zhu K，Hu G，et al. Large-scale graphene production by ultrasound-assisted exfoliation of natural graphite in supercritical CO_2/H_2O medium. Chemical Engineering Journal，2017，308：872-879.

[95] Li L，Xu J，Li G，et al. Preparation of graphene nanosheets by shear-assisted supercritical CO_2 exfoliation. Chemical Engineering Journal，2016，284：78-84.

[96] 胡玉婷. 在超临界二氧化碳体系中石墨烯剥离技术的研究. 济南：山东大学，2014.

第4章

热化学解理及规模制备前景

4.1 从石墨到氧化石墨

石墨是碳原子的结晶，是一种天然的半金属矿产资源，是一种重要的碳的同素异形体，也是标况下最稳定的碳的存在方式[1-3]。天然石墨矿物呈铁黑、钢灰色，有金属光泽，不透明。石墨质软，并有滑腻感，可用于制造铅笔芯和润滑剂。天然石墨由地壳中的含碳沉积物与热水溶液或岩浆反应，或由岩浆中的碳元素结晶而来。天然产出的石墨很少是纯净的，常含有杂质。天然石墨依其结晶形态可分成晶质石墨（鳞片石墨）和隐晶质石墨（土状石墨）两种类型。石墨作为一种矿物材料被发现已有近 500 年的历史。而人造石墨则由 Acheson 在进行碳化硅的高温实验时偶然发现。当碳化硅被加热到 4150℃时，其中的硅将发生气化，而残留的碳则以石墨形式存在。Acheson 的这项石墨制备技术于 1896 年被许可了专利。

按照传统的理论和实验结果，科学界一直认为自由状态的二维晶体热力学不稳定，也不可能存在[3, 4]。直至 2004 年，英国曼彻斯特大学 Geim 教授课题组首次成功剥离了石墨烯并证实了它的存在，这一发现震惊了科学界，推翻了之前公认的"完美二维晶体结构无法在非 0 K 下稳定存在"这一结论[5]。自由态的石墨烯在室温下于真空或空气中可稳定存在，而其他任何已知材料单层结构都会氧化或分解，在相当于其单层厚度十倍时就变得不稳定。单层石墨烯的厚度仅有 0.35 nm，因此自由态的石墨烯是目前世界上人工制得的最薄的材料。

完美的石墨烯具有理想的二维晶体结构，它由具有六边形的蜂窝状晶格组成，可以看作剥离出的单层石墨，每个碳原子通过很强的 σ 键与另外三个碳原子相连，赋予石墨烯片层优异的结构刚性。碳原子有四个价电子，每个碳原子都能贡献出一个未成键的 π 电子，这些 π 电子在与平面呈垂直的方向可形成 π 轨道，π 电子则可在晶体中自由移动，赋予石墨烯良好的导电性。严格二维结构的石墨烯是形成各种 sp^2 杂化碳质材料的基本结构单元，可以翘曲成零维的富勒烯，卷曲成一维的碳纳米管或者堆垛成三维的体相石墨[6]。由于完美的石墨烯结构与性质的稳定性，其在光电器件、量子物理等领域成为重要的实验平台与研究对象[7-11]，而在一些化学类的应用中，如储能、催化等可以利用一定缺陷或者功能化的领域[12-19]，石墨烯衍生物同样扮演着重要的角色[20-27]。

氧化石墨烯作为石墨烯最为重要的衍生物，也是实现石墨烯大规模宏量制备或者不同维度组装的重要前驱体，其结构的复杂性亟待深入探讨和阐明[28-32]。而氧化石墨作为氧化石墨烯重要的前驱体，对于氧化石墨烯和石墨烯的制备和应用具有重要作用。那么如何从最常见的石墨得到氧化石墨呢？第 3 章已经做了简单的讨论，目前普遍采用的制备氧化石墨的方法有 Brodie 法、Staudenmaier 法以及 Hummers 法[33-36]。将石墨进行氧化处理，使部分碳原子由 sp^2 杂化状态转变为 sp^3 杂化状态的氧化石墨，其仍然具有石墨的层状结构，但其层间距明显增大，其中每一单层被氧化的石墨称为氧化石墨烯，同时由于部分碳原子杂化状态的改变，石墨的共轭电子结构被破坏，失去了原有的良好导电性质。虽然对氧化石墨的研究已有 150 余年，但是对于氧化石墨结构的研究还不是很透彻，这主要是由于：①氧化石墨是一种非化学计量化合物，其元素组成受到很多因素的影响；②它具有很好的亲水性，其内部吸附大量水分，导致其结构难以确定；③它在 60～80℃ 左右就会开始分解[37]，限制了对其结构的研究。Lerf 及其合作者利用核磁共振等手段对氧化石墨的结构进行了系统的研究[38,39]，认为氧化石墨中大部分含氧基团是以羟基和环氧基的形式存在的，氧化石墨烯的平面上含氧基团存在形式主要是环氧基和羟基，而羧基和羰基主要存在于氧化石墨烯的边缘，此模型很好地解释了氧化石墨烯上含氧基团的存在形式和连接位置，但是认为氧化石墨烯片仍然具有石墨的平面结构。Dékány 等利用 NMR、XRD、XPS、IR 等手段对氧化石墨的结构进行了进一步的研究，并与其他一些模型进行了对比和优化，其结构如图 4-1 所示。部分 sp^2 杂化态碳原子被氧化成为 sp^3 杂化态，导致氧化石墨烯片层失去了原有的平面结构，形成了弯折的碳骨架结构，C═C 键的比例降低。氧化石墨烯中大量的含氧基团，使得它具有良好的亲水性，水分子能够吸附在氧化石墨层间，因此，氧化石墨也可以看作一种石墨插层化合物，氧和水分别由共价键和非共价键连接在碳平面上。

目前人们普遍认为氧化石墨是一种非化学计量的无定形材料，它依然具有和石墨类似的层状结构，只是含氧官能团的类型和分布比较模糊。人们提出过很多氧化石墨的结构模型，Lerf 和 Klinowski 提出的模型几乎取代了先前所有的模型，获得人们广泛的认可。Lerf-Klinowski 模型认为氧化石墨片层包括两类区域（未氧化的六元环构成的芳香族区域和脂肪族六元环构成的其他区域），两类区域的大小取决于氧化程度，并且片层上的环氧基类型为 1,2-醚而不是 1,3-醚。Gómez-Navarro 等对还原的氧化石墨烯原子结构的研究比较直接地印证了这种模型。而 Dékány 等认为在氧化石墨片层上，波纹状的碳六元环带和反式连接的椅式构象环己烷这两

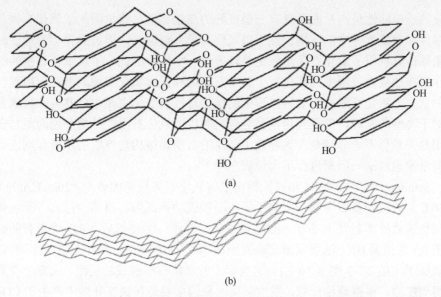

(a)

(b)

图 4-1　氧化石墨结构模型：（a）表面基团；（b）碳骨架

类区域随机分布，两类区域的边界间有轻微的斜角，这可能会造成片层的褶皱。羟基和 1, 3-醚分布在环己烷区的上下面，而酮基和醌基在 C—C 键断开的六边形带上，同时片层上也存在一些酚羟基[40]。Ruoff 等用固态核磁共振研究了 [13]C 标记的氧化石墨，认为在已提出的众多模型中 Lerf-Klinowski 模型和 Dékány 模型比较符合实验结果，并且他们认为 Dékány 模型更适合氧化程度高的氧化石墨。但在讨论氧化石墨的结构时，Lerf-Klinowski 模型更受青睐[41]。根据这个模型，Huang 等认为氧化石墨片层边缘主要是羧基而酚羟基和环氧基主要分布在片层上，由于边缘羧基的离子化，氧化石墨很容易分散在水中，表现出亲水性。而其主体片层是憎水的苯环构成的多环芳香区，并且其长径比差别很大，因此氧化石墨烯可以看作二维的双亲分子[42]。

　　通过石墨制备得到氧化石墨，在充分了解、认识氧化石墨结构和性质的基础上，可以通过氧化石墨的进一步剥离和还原来制备得到石墨烯（还原氧化石墨烯），实现石墨烯"自上而下"制备。如第 3 章所述，在氧化石墨的众多解理方法中，以热量导致的含氧官能团的分解和片层剥离被认为是极具发展前景的宏量制备方法。

4.2　氧化石墨的热解理

　　氧化石墨良好的亲水性及其表面含有的丰富含氧官能团，使得氧化石墨具有充分的反应活性位，从而不具有石墨良好的热稳定性，这也限制了氧化石墨在电子器件和储能器件中的应用。然而以氧化石墨为前驱体，通过热化学解理法制备石墨烯恰好利用了氧化石墨热稳定性较差这一特性。因此，了解氧化石墨的结构和性质在热处理过程中的变化对于制备石墨烯和发展氧化石墨的潜在应用具有重要的意义。氧化石墨在热处理过程中的结构与性质变化主要来自其内部含氧官能团对于温度的响应，但是到目前其响应机制以及氧化石墨的结构和层间距与含氧基团的关系仍不十分清楚，这导致了还原的石墨烯结构与性质的不可预测性，许多科学家也对这一问题进行了大量研究[43, 44]。

Schniepp 等[45]在 2006 年首次提出了将氧化石墨快速加热（＞2000℃/min）至 1050℃的方法制备石墨烯，明确了氧化石墨成功剥离为石墨烯的标志：①氧化石墨在快速热处理后发生 500～1000 倍的体积膨胀；②剥离后 XRD 中所有的衍射峰消失；③根据 BET 法测试出比表面积在 700～1500 m^2/g。氧化石墨发生剥离后，碳氧原子比由 2∶1 变至 10∶1，这也标志着氧化石墨的成功还原，大部分含氧基团得到脱除。根据理论计算，发生剥离的原因主要是在快速升温中产生的 CO_2 气体将氧化石墨片层撑开，但是他们并没有清楚地阐述发生剥离的具体机理，也没有证明所得产物中单层石墨烯的比例。

McAllister 等[46]对 Schniepp 等的文章进行了进一步补充。在氧化石墨热解理过程中含氧基团发生分解会产生一定的内应力，所产生的气体会沿着氧化石墨的层间进行扩散，来释放额外的内应力，因此 McAllister 等提出了氧化石墨能够发生剥离的条件是含氧基团发生分解的速率要大于气体扩散的速率，即气体产生的速率大于气体扩散压力释放的速率，这样产生的内应力才能够克服范德瓦耳斯力，将片层相互剥离。TGA/FTIR 表明，氧化石墨在 200℃左右会出现明显的放热过程，其分解产生的气体主要为 H_2O 和 CO_2，这一过程使氧化石墨失重 30%左右。理论计算显示，这一过程所产生气体的压力为 200 MPa 左右，而剥离两个石墨烯片层需要克服的压力要大于 2.5 MPa，但是由于在较低升温速率下，气体的扩散时间仅为 10^{-4} s 左右，远远小于气体生成的速率。通过理论计算，认为在常规条件下，发生热解理的临界温度是 550℃，但实际操作中，温度往往要达到 1000℃以上。

氧化石墨的热解理过程与机理受到许多因素的影响，含氧基团对于温度的响应应该是科学家们首先解决的问题。Bujans 等系统地研究了氧化石墨的热还原过程[47]。利用 TGA/MS 分析了不同温度下分解产物的组成，在较低温度 220℃左右主要产生了 H_2O 和 CO_2，在 490℃左右主要产生了一些分子量为 59 和 60 的分子。他们提出了氧化石墨热还原的两步机理：2D 扩散机理和自催化机理。脱氧初始阶段 2D 扩散机理占主导，脱氧主要发生在氧化石墨层间，当失重达到 10%，自催化机理开始作用，这时候的脱氧主要发生在氧化石墨外表面，并且具有自加速的作用。从热力学和动力学的角度，内层上的含氧基团较边缘上的更容易发生热还原，因此 2D 扩散机理首先发生。Bujans 等提出的还原机理与 McAllister 和 Jung 等[48]提出的机理有所不同，这主要是由于所采用的氧化石墨不同，氧化石墨的合成方法和氧化程度对于后续热处理的机理和效果都会造成一定的影响，但其计算的氧化石墨还原所需活化能与 Jung 的分析结果相一致。

傅玲等[49]将氧化石墨的热还原过程分为三个阶段：180℃以下，氧化石墨保持其层状结构，主要脱除基团为吸附水、环氧基（C—O—C）和羟基（—OH）；180～500℃，主要存在 C＝O 基团和 C—OH 的分解，氧化石墨含氧量急剧下降；500～1000℃，氧化石墨片层上残余的 C—OH 进一步分解，这也与其他文献中的报道相吻合。将氧化石墨加热到 300℃，含氧基团发生分解，理论上应产生 O_2 和 H_2O，但是实验结果表明只有痕量的 O_2 出现，大部分气体为 H_2O、CO_2 和 CO，在热解理过程中，石墨烯碳骨架中的部分碳原子同样会发生损失和重排。

Acik 等[50]以独特的视角研究了氧化石墨的热解理过程，利用红外光谱揭示了氧化石墨在热还原过程中的变化。他们同样将这一过程分为三个阶段，与其他报道类似，但是在热处理温度达到 850℃之后，他们敏锐地发现了一个位于 800 cm^{-1} 的奇特强吸收峰，通过理论计算发现，这一吸收峰来自片层边缘 C—O—C 的非对称伸缩振动。在处理温度达到 350℃之后，氧化石墨烯表面含氧基团几乎全部脱除，仅有 C—O 和片层边缘的 C—O—C 存在。当其他含氧基团完全脱除之后，在还原的氧化石墨烯边缘部分氧原子会发生重排，形成聚集在一起的 C—O—C 结构，如图 4-2 所示。

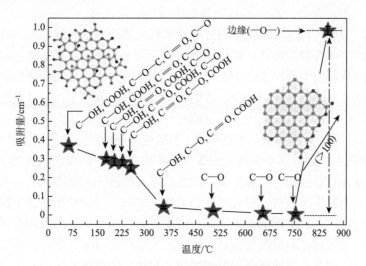

图 4-2　热处理温度与吸附量关系图

在同一温度下，不同的热处理时间对于氧化石墨的结构和性质也会有较大的影响。Jeong 等研究了在低温（200℃）下对氧化石墨进行不同时间热处理对其结构的影响[51]。随着热处理时间的延长，含氧基团逐渐脱除，在热处理 6 h 左右—OH 中的氢原子脱除掉，仅残留氧原子与碳原子形成 C—O，进一步处理（10 h）会进一步脱除残余氧原子，氧化石墨层间距随着热处理时间延长而逐渐减小。同时，氧化石墨的脱氧过程还受到诸多因素的影响，一般情况下即使在高温下脱氧也不十分完全，理论计算表明，脱氧程度与氧化石墨中含氧基团的初始浓度和 OH/C—O—C 的比例关系密切[52]。热解理的程度也与所采用石墨的种类和氧化过程有关[53]。

4.3 石墨烯的负压热解理制备

热剥离过程中升温速率和温度对剥离效果有着显著的影响。高温热化学解理方法能够有效地利用氧化石墨制备出石墨烯，快速升温和高温（一般在 1100℃以上）被认为是热化学解理的必要条件。美国工程院院士 I. A. Aksay 教授团队推导获得常压条件下临界理论剥离温度为 550℃。在这样的条件下氧化石墨层间的含氧官能团迅速气化脱除，产生大的内应力而使片层剥离；此过程耗能、设备成本高，同时所得石墨烯缺陷较多。而官能团的大量脱除，使片层亲水润湿性大幅降低，也成为催化或电化学储能应用的重要瓶颈。理想的石墨烯电极材料应兼具润湿性（适度保留官能团）和导电性（低缺陷浓度）。因此降低化学解理温度，保持高的剥离效率而又保留部分含氧官能团是储能应用石墨烯制备的理想条件。从氧化石墨热行为的研究中可以看到，大部分含氧基团的脱除发生在低温（<300℃）下，因此，高温不是制备石墨烯的必然选择。

因此，发展一种温和的热解理过程是实现高质量石墨烯低成本、可控宏量制备的关键。笔者课题组通过对氧化石墨的热行为进行分析，发现氧化石墨中的含氧官能团的热解理主要发生在 150～250℃之间如图 4-3 中 TGA-DSC 曲线所示，为实现氧化石墨的低温解理提供了理论依据[57]。在此基础上，在升温过程中引入负压环境，以提高含氧官能团在热分解时片层内外产生的压力差，从而提高片层的剥离效率，实现石墨烯的低温热解理。当氧化石墨经过前述的低温负压解理后，在其 XRD 图上已经观察不到氧化石墨以及石墨的特征峰，如图 4-3 所示。这说明层间大部分含氧官能团已经被除去，而且片层已经被完全剥离，从而不再具有石墨或氧化石墨的层状结构。通过对比 200℃、300℃、400℃和高温下制备的石墨烯材料，它们的 XRD 图谱并未表现出较大差异，说明制备得到的石墨烯的剥离程度没有太大区别，辅以其他测试，可以证明即使在 200℃下，石墨片层的剥离程度可以与高温条件下的剥离程度相媲美。相比于传统高温解理方法，低温负压解理避免了高温条件下由于快速分解的气体冲击造成的片层缺陷，实现了低缺陷浓度石墨烯的制备，通过后续气相氮掺杂实验分析，该方法所得掺杂量明显低于高温解理石墨烯，表明暴露的边缘碳原子含量较少，片层缺陷浓度较低；同时，低温热解理能够脱除绝大多数含氧官能团,赋予其良好的导电性,但其表面还存在一定含氧基团,实现了导电性和表面化学共存的平衡,是储能领域如超级电容器电极材料等要求具有浸润性、导电性、容量特性材料的理想选择。同时,其丰富的表面化学也易于修饰和进一步组装,加之其低温操作的低成本特征,该方法受到了国际同行的关注和认可。

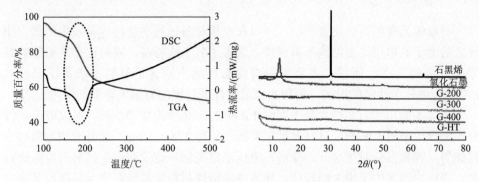

图 4-3　氧化石墨的 TGA-DSC 曲线及 XRD 图谱

基于该低温负压方法,国际、国内科学家相继发展了一系列低温剥离石墨烯的制备方法。例如,通过在氧化石墨层间引入氯化氢、在氢气气氛下进行热解理、提高片层含氧量等方法来提高含氧官能团分解所产生的内应力等实现片层有效剥离;通过提高氧化石墨含氧量来增大加热时释放气体的量;通过引入氢气与含氧基团的剧烈反应,促进材料内部放热与提高瞬间内推力,实现石墨烯的高效剥离,丰富了低温法制备石墨烯的制备策略[58, 59]。

4.4　功能性和导电性的平衡——石墨烯导电剂应用

锂离子电池正极的活性材料通常属于半导体,电子导电性比较差,在实际应用时需要与导电性能良好的材料作为导电剂配合使用。常用导电剂主要包括导电碳黑、导电石墨材料以及目前使用越来越多的多壁碳纳米管[60-62]。导电碳黑主要由纳米级的球形颗粒组成,是一种近乎零维的材料。相比而言,碳黑颗粒容易在活性材料颗粒表面存在,并且其具有较高的柔性,降低了材料颗粒之间的接触电阻。多壁碳纳米管具有很大的长径比,一般当作一维材料处理。由于具有较大的比表面积,其可以与活性材料形成良好的桥接进而传输电子。导电石墨一般呈现片状,但是往往具有较高的厚度和较大的体积,可以看作介于二维和三维之间。导电石墨在电极内部充当着电子长程传输路径的作用,但是由于缺少柔性并且体积较大,往往很难与活性颗粒形成良好的接触。石墨烯材料仅由单层 sp^2 碳原子组成,是公认的二维晶体材料，比表面积很大，具有平面结构，是一种"至薄至柔"的材料，可以认为同时具有导电碳黑、导电石墨和碳纳米管的优点，同时由于解放了电子，其电子电导率较高，是一种新型的导电剂材料[61]。

4.4.1 石墨烯电子导电网络

1. 石墨烯含量对 LiFePO₄ 电化学性能的影响

石墨烯具有很高的比表面积，所以在电极制备过程中往往容易发生团聚。团聚之后由于其单层平面结构不再保持，失去了其二维特征，同时也会严重影响其导电性能的发挥。所以，需要首先考虑石墨烯不同含量时的二维特征以及对 LiFePO₄ 电化学性能的影响，得到实验室条件下最优的石墨烯导电剂使用工艺。

图 4-4 给出了石墨烯含量不同时 LiFePO₄ 电化学性能的情况。可以看出，没有添加导电剂的 LiFePO₄ 材料容量非常低，只有 128 mA·h/g，而且充放电曲线非常倾斜，容量很低时平台开始变形，电压迅速变化。这说明由于材料的电阻比较高，电极内部发生了很大的极化，导致很多活性材料颗粒没有完全发挥出其应有的性能，所以整体表现出来的容量性能很低，电化学性能比较差。添加了石墨烯导电剂之后 LiFePO₄ 的电化学性能有了很大提升，不仅容量性能有了很大程度的增加，同时放电曲线的形状也有了改善：曲线的平台区域更高，而且也更为平滑，这说明添加石墨烯后 LiFePO₄ 性能能够得以良好发挥。

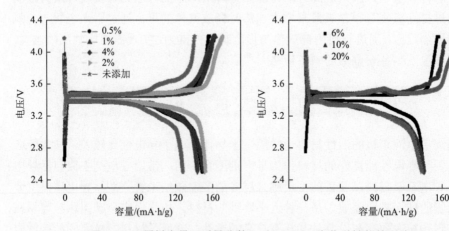

图 4-4   石墨烯含量（质量分数）对 LiFePO₄ 电化学性能的影响

虽然石墨烯的加入能够有效改善 LiFePO₄ 的性能，但是石墨烯含量不同时，LiFePO₄ 的电化学性能并不相同，甚至有很大的差异。从图 4-4 可以看出，LiFePO₄ 的电化学性能随着石墨烯的含量由 0.5%到 2%增加而逐渐提高，但是当添加量高于 2%时，又开始随着添加量的增加而降低。这些结果表明，在目前的实验条件下，石墨烯添加量只有在 2%时才能保证 LiFePO₄ 材料具有最优的电化学性能，添加量过多或过少测试结果都不理想。

当石墨烯添加量较低（0.5%和 1%）时，$LiFePO_4$ 放电平台不够平稳，并且容量也明显低于 2%的样品。这可能是由于石墨烯的添加量过低，石墨烯在电极内部还不能形成有效的导电网络。当石墨烯的添加量超过 2%时，$LiFePO_4$ 的容量同样也会降低，此时的 $LiFePO_4$ 性能也不好，这是由于含量过高，石墨烯产生了团聚，不能形成有效导电网络。

图 4-5 给出了石墨烯含量分别为 0.5%，1%，10%和 20%时石墨烯纳米片（GN）在电极中分散情况的扫描电镜照片。通过比较含量不同时石墨烯的分散状态，可以更加直观地对 $LiFePO_4$ 电化学性能的变化做出解释。由图 4-5 可以看出，当石墨烯的含量超过 2%的时候，石墨烯开始发生聚集，很难完全分散在活性材料之中，二维结构特征消失。而当质量分数是 0.5%和 1%时，石墨烯片层之间完全剥离，呈现半透明的超薄片层，从而确保了这些柔性片层在 $LiFePO_4$ 颗粒之间的良好分散。在实际电化学反应过程中，锂离子和电子必须同时到达反应活性点，才

图 4-5　不同含量的石墨烯在 $LiFePO_4$ 电极中分散状态对比

能促进电化学反应的顺利进行[62, 63]。如果导电添加剂不能在 LiFePO$_4$ 颗粒之间良好分散，聚集到一起的石墨烯将很难形成良好的导电网络，影响电子导电性，而且也会对锂离子的传输造成阻碍。因此，添加石墨烯的电池电化学性能随着石墨烯的添加量增加开始变差，不能良好分散的高添加量的石墨烯将会不可避免地影响电化学性能。同时，石墨烯添加量过多，还会在电极中与电解液发生很多副反应。当石墨烯添加量达到 20%的时候，由于表面的超电容效应以及副反应，充电的容量已经超过了 LiFePO$_4$ 的理论容量。

图 4-6 给出了不同石墨烯添加量时 LiFePO$_4$ 在 0.1 C 时的循环性能。LiFePO$_4$ 在 0.1 C 的循环性能与 0.05 C 时性能趋势相近。没有添加导电剂的 LiFePO$_4$ 容量在 0.1 C 时只有 110 mA·h/g，而且随着循环的进行容量变得不稳定，整体呈现下降趋势。而添加了石墨烯导电剂的 LiFePO$_4$ 容量都比较高，并且具有较为稳定的循环性能。尤其是添加了 2%石墨烯的 LiFePO$_4$，容量在 0.1 C 时也能够稳定地保持在 150 mA·h/g 以上，表现出了良好的电化学性能。

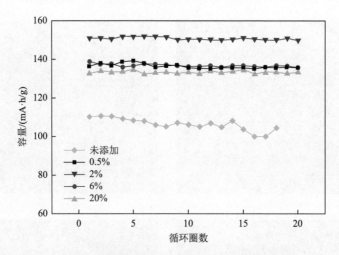

图 4-6　石墨烯含量对 LiFePO$_4$ 循环性能的影响

通过对石墨烯含量的对比研究，发现在目前的实验室条件下，当石墨烯在电极中添加量为 2%的时候 LiFePO$_4$ 性能最好，同时石墨烯也最能保持二维的柔性结构。下面将 2%的石墨烯样品作为二维导电剂的代表，分别与零维的导电碳黑、介于二维和三维之间的导电石墨以及一维的多壁碳纳米管进行比较，进一步探讨石墨烯材料导电网络在正极材料中的性能。

2. 二维石墨烯与零维导电碳黑性能的对比

图 4-7 给出了分别使用 2%的石墨烯与 20%的导电碳黑时 LiFePO$_4$ 电化学性能

的对比。可以看出，与没有添加导电剂的样品相比，添加了石墨烯或导电碳黑导电剂之后，材料的电化学性能有了很大的提升。但是，导电碳黑和石墨烯对 LiFePO$_4$ 电化学性能的作用存在着明显的差别。虽然二者容量性能都有了很大幅度的提高，但是添加了石墨烯的 LiFePO$_4$ 材料的容量达到了 152 mA·h/g，而添加了 20%导电碳黑的 LiFePO$_4$ 容量只有 145 mA·h/g，低于添加了石墨烯的 LiFePO$_4$。同时，前者的放电平台也高于后者，并且放电持续的时间也更长。这表明虽然只使用了 2%的石墨烯，LiFePO$_4$ 的电化学性能已经超过了使用 20%导电碳黑的样品，初步表明石墨烯作为导电添加剂相对于导电碳黑具有更加优异的导电性能。图 4-7 还给出了未添加导电剂和分别使用了导电碳黑和石墨烯作为导电剂的 LiFePO$_4$ 样品在 0.1 C 时的循环性能。三者的容量性能的差别与在 0.05 C 时一致，添加了导电剂的 LiFePO$_4$ 性能远高于未使用导电剂的 LiFePO$_4$，并且添加了导电剂的样品的循环稳定性也好于后者。添加了 2%石墨烯的 LiFePO$_4$ 的容量和循环稳定性高于使用 20%导电碳黑的 LiFePO$_4$：前者的容量性能在 30 次循环中基本保持稳定，而后者的容量在循环 10 次之后就开始呈现下降趋势。这可能是由于导电碳黑颗粒的团聚以及与电解液发生副反应。可以看出，相对于导电碳黑，石墨烯可以认为是一种性能优异的导电添加剂，在添加量为 2%的情况下就可以在很大程度上提高 LiFePO$_4$ 的电化学性能，而且提高幅度明显高于添加量为 20%的导电碳黑。

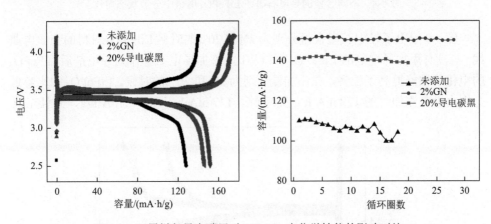

图 4-7　石墨烯与导电碳黑对 LiFePO$_4$ 电化学性能的影响对比

3. 二维石墨烯与导电石墨性能的对比

导电石墨介于二维和三维之间，与石墨烯在形貌上具有一定的相似性。但是二者又有着很大的不同：石墨材料由多层石墨烯材料堆积在一起形成，所以其厚度远大于石墨烯材料。这样直接带来以下后果：石墨片层不像石墨烯片层那样具有柔性，通常呈现出一定的硬度，所以在电极中难以包裹活性材料颗粒，只能作为电子的传输网络；由于大量的石墨烯堆积到一起，限制了电子的流动，所以石墨电子电导率不如石墨烯；同时，由于只有处于石墨片层两侧的碳原子才能与活性材料接触起到电子传导作用，所以其导电效率不高。图 4-8 给出了导电石墨含量分别为 2%和 10%的电极的扫描电镜照片。可以看到，石墨片层颗粒分散在活性材料颗粒之间形成导电路径，但是片层较厚，不像石墨烯那样呈现半透明的状态；同时颗粒之间分散比较松散，由于比表面积较小，很难在电极中与活性材料颗粒接触，所以比较难形成有效的导电网络。

(a) 2%   (b) 10%

图 4-8   不同含量的导电石墨在 LiFePO$_4$ 电极中分散状态对比

图 4-9 给出了导电石墨含量分别为 2%和 20%的时候 LiFePO$_4$ 材料的充放电曲线。与没有添加导电剂的 LiFePO$_4$ 材料相比，添加导电石墨作为导电剂后 LiFePO$_4$ 的电化学性能提高了很多。在添加量分别为 2%和 20%的时候，LiFePO$_4$ 的比容量分别由没有添加时的 128 mA·h/g 提高到了 137 mA·h/g 和 142 mA·h/g，并且充放

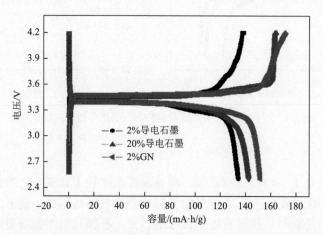

图 4-9   导电石墨与石墨烯对 LiFePO$_4$ 电化学性能影响对比

电平台也变得更加平缓，说明导电石墨的添加有效提高了 LiFePO$_4$ 材料电极的导电性。同时可以看出，即使添加 20%的导电石墨，LiFePO$_4$ 的电化学性能仍然低于只添加了 2%石墨烯的样品。这说明通过剥离，石墨烯片层能够以更高的效率构建导电网络，为电化学反应形成通畅的电子传输网络，其导电效果远高于本体石墨。

4. 二维石墨烯与一维多壁碳纳米管的对比

由于具有较高比表面积和电导率，特别是一维结构可以非常有效地构建导电网络，多壁碳纳米管（MWCNT）被用作导电添加剂应用于锂离子二次电池。Liu 等研究了多壁碳纳米管对 LiFePO$_4$ 电化学性能的影响，发现在 0.1 C 时容量只有 113 mA·h/g。Li 等使用 5%的碳纳米管在 0.1 C 时得到了 155 mA·h/g 的容量[64]。本书也将多壁碳纳米管作为导电添加剂与石墨烯材料进行对比。

图 4-10 给出了使用 2%多壁碳纳米管和 2%石墨烯为导电剂的 LiFePO$_4$ 的电化学性能。图 4-10（a）是二者的充放电曲线，可以看出，使用多壁碳纳米管为导电剂的 LiFePO$_4$ 在 0.05 C 的放电平台非常平坦，显示了良好的导电性能。然而，该电池在 0.05 C 的容量只有 130 mA·h/g，远低于使用石墨烯作为导电剂的 153 mA·h/g。图 4-10（b）给出了在 0.1 C 时的循环性能。可以看出，在 0.1 C 时，使用两种导电剂的 LiFePO$_4$ 都有较好的容量保持性，但是使用石墨烯作为导电剂时明显具有较高的容量。

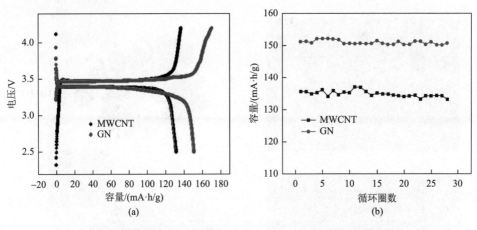

图 4-10　多壁碳纳米管和石墨烯对 LiFePO$_4$ 电化学性能影响对比

5. 石墨烯导电机理

通过前面的讨论，可以发现在不同结构特征的导电添加剂材料中，具有二维柔性特征的石墨烯材料表现出了非常高的导电性能。石墨烯添加量只有 2%时 LiFePO$_4$ 的电化学性能优于添加 20%的导电碳黑、20%的导电石墨以及 2%的多壁碳纳米管导电剂时的样品。下面通过与使用最多的零维导电碳黑进行对比，讨论石墨烯材料的独特导电机理。

图 4-11 给出了 $LiFePO_4$ 电极中石墨烯以及商业化导电碳黑的导电机理图[65]。通过模型可以看出，石墨烯电池遵循着"面-点"的导电模式，而导电碳黑则是"点-点"的接触模式。一方面，当石墨烯从层状石墨上剥离出来之后，π 电子可以很容易地解放出来，所以具有比其他 sp^2 杂化碳材料更高的电子电导率。另一方面，从几何观点可以看出，与球状零维的碳黑颗粒相比，"至薄至柔"的平面石墨烯片层良好地分散在 $LiFePO_4$ 颗粒之间，可以很容易地形成一个导电网络。在导电网络中，超薄的石墨烯片层可以通过"面-点"的模式将 $LiFePO_4$ 颗粒桥接起来，并且石墨烯片层的柔性可以确保在充放电过程中与活性材料紧密接触。导电碳黑是零维的球形颗粒，通过"点-点"的接触模式与 $LiFePO_4$ 颗粒接触，所以需要很高的负载量才能达到有效接触而形成有效的电子传输通道。也就是说，与导电碳黑颗粒相比，石墨烯片层可以更为有效地连接 $LiFePO_4$ 颗粒。同时，石墨烯片层的每个 sp^2 碳原子层都可以与 $LiFePO_4$ 颗粒紧密接触，而对于传统碳材料来说则只有最外层的 sp^2 碳原子层才能与活性材料接触，所以石墨烯添加剂在所有 sp^2 杂化碳材料之中表现出了最高的接触效率。同时考虑到完全剥离的特征（"至薄"）以及"面-点"接触模式（"至柔"），很容易理解石墨烯优异的电子导电性能。

图 4-11　石墨烯作为 $LiFePO_4$ 导电剂的导电机理[65]

由此可见，石墨烯是一种可用于锂离子电池的有效的导电添加剂，其添加量有一个最优化的范围，过少时难以构建有效的导电网络，过多时会产生团聚而失去石墨烯独有的性能并且阻碍传输过程；在实验室条件下，对于 $LiFePO_4$，添加量为 2%时效果最优。石墨烯优越的导电性能除了与其自身的物理性能有关之外，更主要的是由其平面几何结构而带来的独特的接触模式决定，由于其柔性的二维结构，石墨烯可以通过"面-点"的基础模式构筑柔性的导电网络。在该网络中，与通过"点-点"接触模式的零维球形碳黑颗粒相比，很少添加量、完全剥离的石墨烯可以非常有效地连接活性材料颗粒。

4.4.2 石墨烯对离子传输的影响

电化学反应过程同时涉及电子和离子的传输过程，两者同等重要，缺一不可。在实际电化学反应中，锂离子在电解液中的传输速率远低于电子，所以当锂离子电池在较大电流条件下工作时锂离子传输扩散速率往往成为主要的限制因素。

1. 石墨烯对 $LiFePO_4$ 倍率性能的影响

首先对电流较大情况下石墨烯作为 $LiFePO_4$ 导电剂的性能情况进行考察。图 4-12 给出了使用 2%石墨烯（500℃热处理）和 6%导电碳黑作为导电添加剂材料时 $LiFePO_4$ 材料分别在 0.5 C、0.8 C 和 1 C 放电时的电化学性能。可以看出，使用石墨烯作为导电剂时，在较高放电倍率条件下 $LiFePO_4$ 的电化学性能低于使用导电碳黑时的性能。在相同的放电倍率下，使用石墨烯时 $LiFePO_4$ 放电平台低于使用导电碳黑时的平台，同时放电容量也低于后者。在 1 C 时放电平台降到了接近 2.8 V，而且只放出了 40 mA·h/g 的容量。这个结果与低倍率放电时的结果反差非常大。使用 6%导电碳黑的 $LiFePO_4$ 材料在 1 C 放电时仍有近 3.4 V 的电压平台，同时放电容量为 110 mA·h/g 以上[66]。

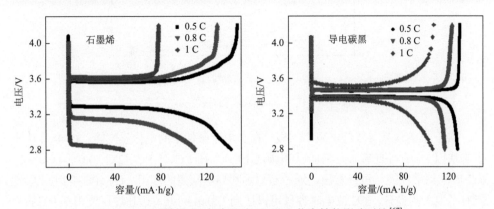

图 4-12 石墨烯与导电碳黑对 $LiFePO_4$ 倍率性能影响对比[67]

一般来讲，如果电池性能出现这种倍率性能很差的情况，往往首先考虑的是电极的电阻率。为了尽量减小电极内部的极化效应，应该尽量降低极片的电阻率。因此，首先对实验中所使用的主要材料的电阻率进行考察。

图 4-13 给出了使用不同导电添加剂后所制备的 LiFePO$_4$ 极片的电阻率。可以看出，没有添加导电剂时极片电阻率非常高，导电添加剂加入后极片电阻率迅速降低，并且随着添加量的增加而持续降低。当各种导电剂的添加量增加至 10% 时极片的电阻率基本一致，表明此时达到了电子传输的阈值，继续添加导电剂已经很难进一步降低极片的电阻率。使用 500℃ 石墨烯导电剂的极片的电阻率最高，在任何添加量时都高于添加其他导电剂时的样品。

使用 900℃ 石墨烯的极片在其添加量为 2% 时电阻率低于添加同样量的导电碳黑的样品，并随着添加量的增加基本与添加碳黑的极片电阻率变化一致。同时，为了揭示石墨烯与导电碳黑的复合效果，使用 1% 的 900℃ 热处理石墨烯同时添加不同量的导电碳黑作为复合导电添加剂使用。可以发现，该导电剂在碳黑加入量不同时，极片电阻率一直处于最低值，表明通过石墨烯与导电碳黑的复合作用，其独特的片形结构和球形结构相结合，在极片内部形成了非常有效的导电网络，虽然石墨烯的添加量有所减少，但是电阻率相应降低。

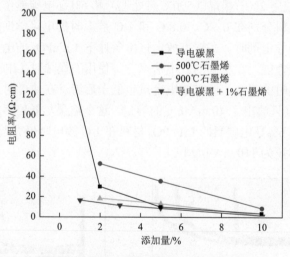

图 4-13　使用不同导电剂的极片的电阻率

接下来考察具有较低电阻率的极片在大电流条件下的电化学性能。图 4-14 给出了当使用 1% 的石墨烯加上 3% 的导电碳黑时分别在 1 C、1.5 C、2 C、3 C、4 C、5 C、6 C 时的倍率性能。可以看出，通过石墨烯和导电碳黑的作用，LiFePO$_4$ 的电化学性能有了很大的提升，1 C 放电时容量可以达到 120 mA·h/g，远超过了使用 500℃ 石墨烯和 900℃ 石墨烯时的情况，并且放电曲线的平台基本与理论的 3.4 V 放电电压一致。

在以后的更大倍率充放电时，仍然保持着较好的形状和容量性能。为了对比，图 4-14（c）给出了使用 6% 的导电碳黑时的倍率性能，此时 LiFePO$_4$ 的电化学性能仍然保持较好。通过图 4-14（d）给出的不同倍率下的容量对比可以看出，在相同倍率下，使用 1% 900℃石墨烯 + 3% 导电碳黑作为导电剂的 LiFePO$_4$ 的初始容量高于使用 6% 导电碳黑的样品。这说明石墨烯材料与导电碳黑协同作用下电化学性能发挥得更好。

从上面的讨论可以看出，石墨烯材料作为导电剂时，当电流较大时，电池的性能并不好，即使通过热处理的方式进一步降低其电阻率，电池的倍率性能并没有得到特别高的增加。在保证其电阻率的条件下减少石墨烯的添加量反而大幅度提高了石墨烯电池的倍率性能。可以看出，石墨烯电池的倍率性能与电子电导率关系不大，主要与离子传输行为有关。

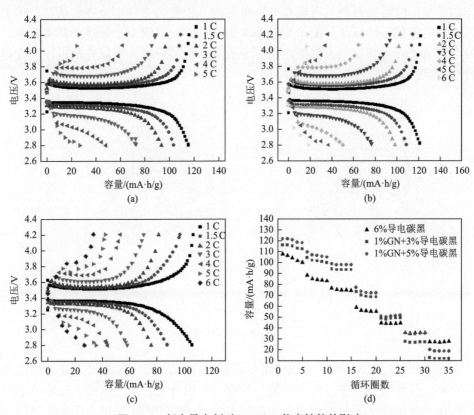

图 4-14　复合导电剂对 LiFePO$_4$ 倍率性能的影响

（a）1% 石黑烯 + 1% 导电碳黑；（b）1% 石墨烯 + 5% 导电碳黑；（c）6% 导电碳黑；（d）不同材料的倍率对比

2. 电极中离子传导机理

图 4-15 给出了分别使用石墨烯和导电碳黑作为导电剂的电极中锂离子传输

的具体行为的示意图。可以看出，石墨烯具有较大的比表面积以及平面结构，在电化学反应过程中会阻碍锂离子沿着最短的路径传输到反应的活性点，从而增加了锂离子的传输路径。相反，在使用碳黑颗粒的电池中，由于其近似零维的特征，碳黑不会阻碍锂离子的传输路径，所以锂离子颗粒自由地抵达反应活性点。除此之外，由于纳米尺度一次粒子的团聚作用，碳黑颗粒具有很大的比表面积和二次孔结构，会吸附电解液从而将电解液吸附到多孔电极结构中，进一步提高了锂离子的传输性能。一般地，为了确保锂离子电池良好的性能，电子和离子必须同时抵达电化学反应点。当充放电速率较低的时候，在石墨烯体系中的锂离子能够按时地离开或抵达反应的活性点，尽管此时石墨烯中具有一个比较长的传输路径，由于石墨烯电池良好的电子导电网络，所以使用石墨烯作为导电剂时活性材料具有较高的容量性能。但是当充放电速率提高时，由于石墨烯的阻挡，锂离子传输将变得非常困难，因此尽管电子传输非常有效率，但是锂离子在局部空间内缺乏，从而导致了严重的极化，所以充放电性能变得特别差。

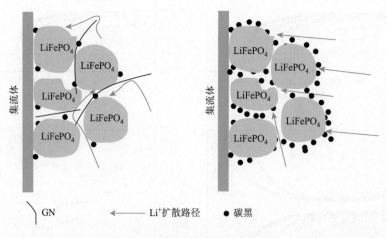

图 4-15　电极中锂离子传导机理

　　为了证实上面的推测，下面使用理论模拟的方法对放电过程中 $LiFePO_4$ 电极中锂离子的传输过程进行详细分析。当锂离子电池进行充放电时，在浓度梯度和电场梯度的驱动下，电解液中溶剂化的锂离子和阴离子将沿着不同的方向迁移。在放电过程中，锂离子进入 $LiFePO_4$ 颗粒中而被消耗。如果离子扩散比较快，电解液中的锂离子能够得到及时补充，所以此时浓度变化并不特别大；反之，如果锂离子传输速度比较慢，则电极中锂离子的浓度会下降，并且相对于电化学反应速率，锂离子的扩散速率越慢则浓度下降幅度越大。

3. 导电剂对电极孔隙曲折度的影响

使用蒙特卡罗方法建立石墨烯和导电碳黑作为导电剂时的电极孔隙结构模型，然后模拟锂离子在内部的传递过程，在大量抽样的基础上统计出两种电极中锂离子的平均移动距离，讨论不同几何结构的导电添加剂材料对孔隙曲折度的具体影响。

模拟中使用 2D 的电极模型。活性材料和导电添加剂材料颗粒投影到由 1000 个×1000 个点构成的 2D 基平面上。这些颗粒在真实 3D 空间中的取向角和位置使用随机数表示。投影后基平面上的点表示活性材料或导电添加剂，所以该 2D 平面包含整个 3D 电极结构的信息。为了简化，活性材料与导电剂颗粒看作大小均匀的，并使用圆和矩形来分别代表球形（$LiFePO_4$ 材料和碳黑）和片形（石墨烯）的颗粒。

对于电化学电池，经常用 Nernst-Planck 方程表示离子的传递过程。锂离子的通量同时受离子浓度梯度（∇c）和电场方向（$E = -\nabla \Phi$）的影响（c、E 和 Φ 分别代表锂离子的浓度、电势和电场）。所以，在电极区域，锂离子沿着 ∇c 和 $-\nabla \Phi$ 的方向传输。

图 4-16 显示了锂离子在 2D 电极结构模型的局部传输行为。单个点的尺寸相当于单个的碳黑颗粒。跟整个 2D 电极模型（1000 个×1000 个点）相比，这里的局部面积非常小。所以 2D 电极结构中的点在这里可以看作网格。由于几何结构的不同，$LiFePO_4$ 和导电添加剂颗粒分别由不同组群的网格组成。锂离子将沿着 ∇c 和 $-\nabla \Phi$ 的方向移动。

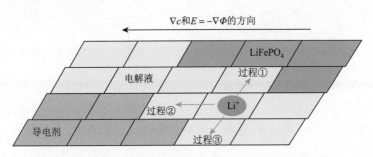

图 4-16 锂离子在 2D 电极结构模型中的局部传输行为

如图 4-16 所示，当锂离子通过电极时，它可能遵循以下三个过程中的某一个：①如果遇到表示 $LiFePO_4$ 颗粒的点，锂离子发生电化学反应，然后传递过程终止；②如果碰到表示导电剂颗粒的点，其不能穿过，然后选取一个新的方向继续传输；③如果锂离子什么都没有碰到，它将会沿着原来的方向继续传输。模拟过程持续进行直到该离子与 $LiFePO_4$ 颗粒发生反应。模拟过程中传输的距离加和到一起就得到了每个锂离子的传输路径长度。为了确保模拟的可信性，每次模拟使用了 100 个不同的 2D 电极结构模型，每个电极结构模型使用了 1000 个锂离子进行模拟，最终由 100000 个锂离子的传输路径计算得到平均传输路径。

图 4-17 给出了锂离子在分别使用石墨烯和导电碳黑作为导电剂的 LiFePO$_4$ 中传输行为的模拟结果。图 4-17（a）给出了当石墨烯和导电碳黑含量不同时锂离子在电极中传输路径的长度对比。可以看出，当使用石墨烯作为导电添加剂时，锂离子在电极中的平均传输长度要远大于使用导电碳黑作为导电剂的情况。当二者的含量分别为 1%时，前者中 100000 个锂离子传输路径的平均值是 6.34 mm，而后者只有 1.03 mm；也就是说，锂离子在使用石墨烯为导电剂的 LiFePO$_4$ 电极中需要传输在使用碳黑作为导电剂的电极中距离的 6 倍，而且随着石墨烯添加量的增加，锂离子传输路径的长度快速增加，而导电碳黑的含量则对其影响不大。所以，在较高的充放电倍率下，锂离子将很难及时到达活性材料，导致电化学反应点附近锂离子缺失。

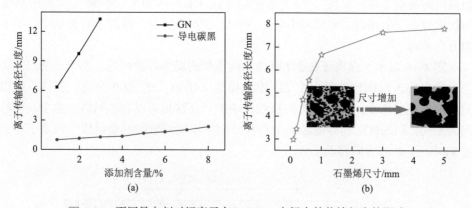

图 4-17　不同导电剂对锂离子在 LiFePO$_4$ 电极中的传输行为的影响

考虑到石墨烯片形结构对锂离子传输通道的曲折度造成很大影响，对石墨烯纳米片层的尺寸、长径比以及所制备电极的孔隙率对锂离子传输路径的影响进行讨论。从图 4-17（b）中可以看出，随着石墨烯尺寸的增加，锂离子的传输路径也增加。

可以看出，使用石墨烯作为导电添加剂时，电极中的孔隙曲折度将会增加数倍。为了精确地描述使用石墨烯导电剂电极中的锂离子传输行为，需要对多孔电极模拟中的 Bruggeman 参数进行修改，增加其数值以适应孔隙曲折度增加的情况。

基于以上讨论，对于石墨烯导电添加剂，在讨论其提高电极的电子电导率的同时，也需要对电极中离子的传输情况进行分析和考察，以减小由于离子传输缓慢而导致的极化效应。通过以上模拟计算可知，应该调节石墨烯的微观结构并且设计合适的电极结构以提高锂离子在电极中的传输速度，考虑不同尺度的石墨烯对电子电导率和离子电导率的影响，同时满足高倍率条件下电子和离子的传输要求。

4.5 宏量制备和规模应用

通过前面的讨论发现，二维柔性的石墨烯材料具有很高的导电效率，对正极材料电子传导性能的提升作用远高于零维的碳黑以及处于二维和三维之间的导电石墨；但由于几何结构的影响，电极中孔隙曲折度较大，限制了其在高倍率电池中的应用。这些结果都是基于实验室的扣式半电池研究，虽然可以为实际应用提供借鉴和启发，但是基于制备工艺和电池结构的原因，石墨烯材料在商品化电池中的真正应用需要在商品化电池的层次上进行考察。本节尝试将石墨烯作为导电添加剂材料用于商品化 $LiFePO_4$/石墨锂离子全电池，打通石墨烯导电剂商品化电池的制备工艺，并且对石墨烯对真正商品化电池性能的影响进行分析探讨，为石墨烯真正作为正极导电添加剂应用于锂离子电池工业做前期探索。

4.5.1 石墨烯导电剂初步规模化应用

1. 石墨烯分散工艺

商品化电池中石墨烯导电剂的添加量研究同样使用扣式电池中最优的数值 2%。为了更好地了解石墨烯商品化电池的性能，作为对比，同样采用导电碳黑及导电石墨作为导电添加剂制备了常规锂离子电池。根据目前工业中性能最好的 $LiFePO_4$ 电池的制备工艺，将常规电池中的导电添加剂成分确定为 7%导电碳黑＋3%导电石墨。为了方便比较，两种电池使用同一种负极材料，而且两种正极材料采用相同的涂布面密度和压实密度。

将导电添加剂加入到 PVDF 的 NMP 溶液中，搅拌 4 h，分 3 批加入 $LiFePO_4$ 活性材料：先加入整体活性材料质量的一半，慢速搅拌 0.5 h 后加入 1/4，继续搅拌 0.5 h 后加入剩余的 1/4。最后搅拌 8 h 后得到分散良好的正极浆料，为了避免浆料中有较大的颗粒，所得的浆料需要经过 150 目过筛处理。在负极浆料中使用改性的人造石墨作为活性材料，加入导电碳黑作为导电活性剂，使用水为溶剂，CMC 作为分散剂，SBR 作为黏结剂，搅拌后得到负极浆料，同样使用 150 目网筛过筛处理。

在实际电池制备过程中根据每个极片的质量和各自 $LiFePO_4$ 的质量分数进行筛选，确保所制备的两种电池中 $LiFePO_4$ 的质量相同。表 4-1 给出了电池制备过程中的具体工艺参数。

表 4-1 实验中锂离子全电池的制备工艺

材料	涂布面密度/(g/cm²)	压实密度/(g/cm³)	极片厚度/μm
LiFePO₄ + 2%石墨烯	10.24	2.05	113.4
LiFePO₄ + 7%导电碳黑 + 3%石墨	10.24	2.05	113.4
石墨负极	5.20	1.40	78.6

为了解决石墨烯片在电极材料浆液中的分散行为，在浆料搅拌前进行强力超声处理。将石墨烯与 NMP 的分散液放置在超声机中，强力超声 1.5 h 后再放入搅拌机中进行搅拌分散。

图 4-18 给出了超声分散后的石墨烯分散液经过不同搅拌时间后的情况。可以看出，由于超声分散的作用，在仅搅拌 2 h 后石墨烯就已经呈现了很明显的分散状态，明显优于未使用超声分散的搅拌 17 h 的浆液。继续搅拌 2 h，得到了分散效果非常理想的石墨烯分散液。图 4-19 给出了搅拌 4 h 后的浆料制备的 LiFePO₄ 极片的扫描电镜照片。可以看出，石墨烯片很均匀地分散在活性材料颗粒之间，并且几乎所有的活性材料颗粒都可以被石墨烯片连接，可以认为已经形成了非常明显的导电网络。

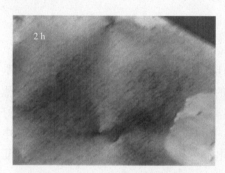

图 4-18 预超声处理后不同搅拌时间下石墨烯分散状态对比

图 4-19 预超声处理并搅拌 4 h 后的浆料制备的 LiFePO₄ 极片的 SEM 照片

2. 2 A·h 电池性能分析

实验制备的电池如图 4-20 所示，该电池厚 5 mm，宽 48 mm，长 146 mm。

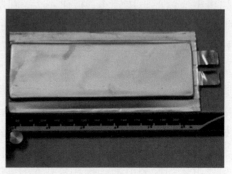

图 4-20　制备的使用石墨烯作为导电剂的 2 A·h 锂离子全电池照片

　　首先评测了这两种电池在不同电流条件下的放电曲线（图 4-21）。可以看出，当电流增加到 1 C 以上时，使用石墨烯的电池的放电平台变得远低于使用商品化导电剂的电池。随着放电电流的增加，前者的放电曲线开始变形，放电电压快速降低。当电流增加到 5 C 以上时已经不能释放出容量，说明此时已经达到了最大的放电速率。相反，使用商品化导电剂的电池随着放电电流的增加则变化趋势不大，并且在 10 C 放电时仍有较高的容量。

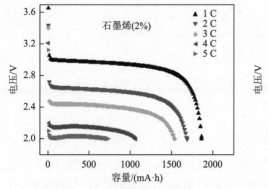
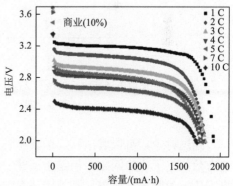

图 4-21　大倍率放电时使用不同导电剂的 2 A·h 锂离子全电池性能对比

　　由此看来，大电流放电条件下石墨烯的存在的确对锂离子的传输造成了影响，其容量性能快速衰减，电池表面温度快速提高。其实，在电池的充电阶段也同样存在这样的现象。图 4-22 给出了两种电池在使用不同充电电流进行充电时恒压充电阶段的容量与总充电容量的比例。在锂离子电池充电时，除了恒电流充电之外，为了弥补容量的不足，往往需要在电池达到截止电压时继续在保持电压不变的情况下进行恒压涓流充电。可以这样理解，恒流充电时电池虽然达到了截止电压，但是此时仍然有大量的活性物质没有反应完全，所以在恒压条件下可以继续充电而进行反应，此时由于反应物质越来越少，电流也越来越小，所以称为涓流充电。如果电池内部阻抗较小，极化不大，则电池很容易在恒流阶段就充入较多的电量，恒压阶段充电量占总容量的百分比较低。反之，如果极化较大，恒电流阶段不能较多地充入电量，电池则需要依靠恒压阶段来补充电量，所以此时恒压阶段的充电量所占比例就较大。

从图 4-22 可以看出，当电池的充电速率分别为 0.25 C 和 0.5 C 时，使用石墨烯做导电剂的电池恒压充电量的比例低于常规电池，说明此时前者电池中电化学反应速率较快，充电大部分在恒电流阶段进行。然而当充电速率达到 1 C 时，虽然电流增大，石墨烯对锂离子传输的阻碍作用开始明显，所以此时使用石墨烯作为导电添加剂的电池中恒压充电的比例开始大于常规电池。

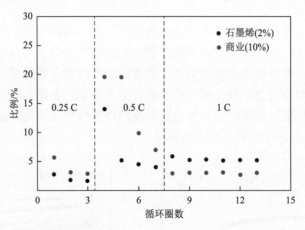

图 4-22　使用不同导电剂的两种 2 A·h 锂离子全电池在不同充电速率条件下恒压充电容量所占总充电量的比例

经过讨论，可以看出石墨烯具有良好的电子导电性，可以在多孔电极内部构建有效的电子传输网络，但是由于其二维平面结构和较大的片层面积，增加了锂离子传输的路径，所以在高功率情况下使用时还需要对其结构特征以及电极制作工艺都进行进一步的优化。这与前面使用扣式电池测试以及理论模拟计算得到的结果一致。所以作为高倍率电池的导电剂使用时石墨烯还需要在结构上进行进一步的优化。然而其对于充放电倍率要求不高的储能型锂离子电池则是非常有效的导电添加剂。基于上述考虑，下面将石墨烯材料引入储能型锂离子电池中，为其作为导电剂用于大型储能（如电站、应急储能系统等）的锂离子电池中提供前期探讨。

4.5.2 大容量储能型电池制备

根据 4.4.2 小节石墨烯与导电碳黑复合后可以有效改善单独使用石墨烯时倍率性能的结果，储能电池制备过程中的导电添加剂使用 1% 900℃热处理的石墨烯 + 1%导电碳黑，对比电池仍然使用 7%导电碳黑 + 3%导电石墨作为导电添加剂。使用石墨烯导电剂和商品化导电剂电池的 $LiFePO_4$ 正极涂布面密度相同，都是 12.49 g/m^2，石墨负极涂布面密度为 6.37 g/m^2。将涂布之后的极片放入烘箱进行烘干处理，正极烘干温度为 120℃，负极为 90℃。烘干之后将极片进行辊压处理，调整辊压的间隙，正极极片的压实密度为 2.10 g/cm^3，负极为 1.43 g/cm^3（表 4-2）。

表 4-2 储能型电池的制备工艺参数

材料	涂布面密度/(g/cm²)	压实密度/(g/cm³)	极片厚度/μm
LiFePO₄ + 1%石墨烯 + 1%导电碳黑	12.49	2.10	135.7
LiFePO₄ + 7%导电碳黑 + 3%石墨	12.49	2.10	135.7
石墨负极	6.37	1.43	93.5

目前，锂离子电池主要有三种：铝壳、钢壳和铝塑膜软包。前两种电池由于使用金属作为外壳，不但安全隐患较大，而且还造成电池质量过高，影响体系的功率密度和能量密度；软包装锂离子电池普遍质量较小，安全性能良好，尤其是随着冲盒深度的不断提高，逐渐受到人们的青睐。铝塑膜软包电池的电芯制备方法有两种：卷绕和叠片。卷绕工艺生产效率高，但是所生产的电芯容量较小，而且内阻较高；叠片工艺可以生产容量较大的电芯，而且由于多个极片并联，电芯的内阻也较低，但是生产效率不高，自动化工艺复杂。本章设计了一种结合了卷绕和叠片工艺的新型方法。首先根据电池实际容量先通过卷绕的工艺得到容量较小的电池卷芯，然后将多个卷芯叠放在一起，卷芯在极片涂布时根据卷芯叠放的数目留出跳涂区的位置，其正极引线及负极引线各彼此横向错开位置使之并列成一排，正极引线与带有氯化聚丙烯（CPP）胶的正极极耳连接，负极引线与带有 CPP 胶的负极极耳连接，横向并列成一排的正极引线与带有 CPP 胶的正极极耳连接，横向并列成一排的负极引线与带有 CPP 胶的负极极耳连接，最后将形成的电芯使用铝塑膜包起并封闭。

1. 2.6 A·h 储能电池

为了验证所设计电池的性能，首先将每个小卷芯单独做成了电池。图 4-23 给出了所制备的 2.6 A·h 储能锂离子电池的实物照片。该电池厚度为 3.8 mm，长度为 114 mm，宽度为 110 mm。石墨烯和碳黑颗粒良好地分散在电极活性颗粒周围，表明形成了有效的导电网络。由于导电石墨的体积分数非常低，成品电池的极片中的导电网络主要由碳黑颗粒组成，很难发现导电石墨。同时，导电碳黑主要分布在石墨颗粒的表面，石墨颗粒完全被由导电碳黑组成的导电网络包覆。

图 4-23　使用石墨烯做导电剂的 2.6 A·h 储能电池

图 4-24 给出了使用两种导电剂时所制备的 2.6 A·h 储能电池的充放电性能曲线。可以看出，两种电池的容量性能都已经达到了设计要求。同时，使用石墨烯导电剂电池的容量高于使用商品化导电剂的电池。而且与前面所制备的使用 2%石墨烯导电剂的电池相比，使用添加了 1% 900℃处理过的石墨烯与 1%导电碳黑作为导电添加剂的电池充放电时的极化大幅度减小，在 0.5 C 和 1 C 充放电时的电压值已经基本与使用 10%商用导电剂的电池相当。这表明此时的导电剂已经有效地减小电池的极化，说明电池性能的稳定性非常好，而且也为石墨烯大容量储能电池的进一步研究奠定了基础。

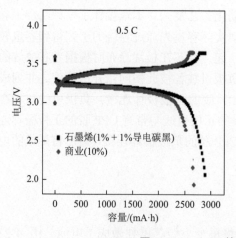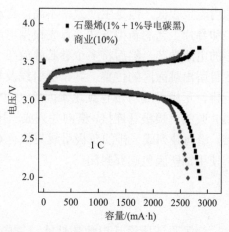

图 4-24　2.6 A·h 储能电池充放电曲线

2. 10 A·h 储能电池

图 4-25 给出了所制备的 10 A·h 锂离子电池的照片以及所制备电池的正极极片和负极极片，电池厚度、长度和宽度分别是 15.2 mm、112 mm 和 110 mm。

首先使用交流阻抗来分析石墨烯电池和常规电池的差别。图 4-26 给出了两种储能电池的交流阻抗分析。可以看出，根据等效电路拟合的曲线与实验曲线良好吻合。由阻抗图谱和实轴的截距可以看出石墨烯电池的欧姆阻抗（11.7 mΩ）小于常规电池（16 mΩ）。本体欧姆阻抗由正负极活性材料、集流体、电解液、极耳等自身的电阻和接触电阻组成。由于两种电池都具有相同的内部结构和参数，只有导电添加剂的差别。所以两种电池欧姆阻抗的差别表明石墨烯比导电碳黑能构筑一个更加有效的电子传输网络，尽管添加量很低。这可以由前面提出的"面-点"接触模式来解释。然而，石墨烯电池的电荷转移电阻为 5.7 mΩ，远高于常规电池的电荷转移电阻（1.1 mΩ）。这与由离子传输阻抗导致的锂离子质量传输极化相关。

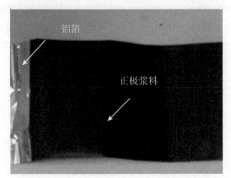

图 4-25　使用石墨烯作为导电剂的 10 A·h 储能电池

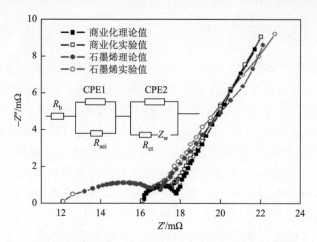

图 4-26 使用石墨烯和商品化导电剂的 10 A·h 储能电池交流阻抗分析

虽然在较高倍率下石墨烯电池表现出了较差的容量性能，但是对于储能电池，真正使用时对倍率要求并不是特别高。图 4-27 给出了两种电池综合性能的对比。图 4-27（a）是两种电池在 0.5 C 充放电时的循环性能图，可以看出，即使石墨烯导电剂添加量很低，电池的容量也非常高，而且保持得特别好，而添加了商品化导电剂的电池则表现得并不太突出。从图 4-27（b）的能量密度与功率密度关系图可以看出，在储能型电池所要求的较低功率密度下，石墨烯电池的能量密度超过常规电池，能量密度可以达到 117 W·h/kg，而使用商品化导电剂电池的能量密度只有 102 W·h/kg。虽然在较高功率密度下石墨烯电池的能量密度有所下降，但是考虑到储能电池对功率密度要求并不高，所以可以认为石墨烯作为储能电池的导电剂材料非常有前途。

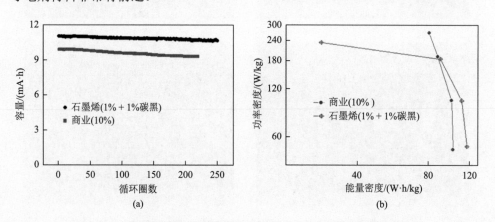

图 4-27 使用石墨烯和商品化导电剂的 10 A·h 储能电池性能对比

4.6 ▷ 小结

石墨烯独特的结构使其表现出诸多奇特性能，如室温半整数量子霍尔效应、超导电性、载流子迁移率、双极性电场效应及优异的透光性等，其问世引起了全世界的研究热潮。热化学解理法作为制备优质石墨烯的最佳方法之一，因其方法简单、过程可控、成本低廉、工艺稳定等特点，被视为最具实用化前景的石墨烯宏量制备技术手段。本章详细阐述了热解理氧化石墨制备高品质石墨烯的化学机制、过程原理及条件选择，并指出低温负压解理技术，不仅可以高效、低成本制备优质石墨烯，同时可以在提升材料导电性的同时，保留一部分官能团，实现了导电性和表面化学共存的平衡。本章进一步讨论了石墨烯用于锂离子电池正极导电剂的应用前景，通过与传统的导电碳黑、导电石墨及多壁碳纳米管的性能对比，阐明了石墨烯电子导电网络对 $LiFePO_4$ 电化学性能的提升有重要贡献，并将石墨烯作为导电添加剂材料用于商品化 $LiFePO_4$/石墨锂离子全电池，打通了石墨烯导电剂商品化电池的制备工艺，对石墨烯对真正商品化电池性能的影响进行分析探讨，为石墨烯真正作为正极导电添加剂应用于锂离子电池工业做出指导。

参 考 文 献

[1] Wallace P R. The band theory of graphite. Physical Review，1947，71（9）：622-634.

[2] Tuinstra F，Koenig J L. Raman spectrum of graphite. The Journal of Chemical Physics，1970，53（3）：1126-1130.

[3] Allen M J，Tung V C，Kaner R B. Honeycomb carbon：a review of graphene. Chemical Reviews，2009，110（1）：132-145.

[4] Schedin F，Geim A K，Morozov S V，et al. Detection of individual gas molecules adsorbed on graphene. Nature Materials，2007，6（9）：652-655.

[5] Meyer J C，Geim A K，Katsnelson M I，et al. The structure of suspended graphene sheets. Nature，2007，446（7131）：60-63.

[6] Novoselov K S，Geim A K，Morozov S V，et al. Electric field effect in atomically thin carbon films. Science，2004，306（5696）：666-669.

[7] Rycerz A，Tworzydło J，Beenakker C. Valley filter and valley valve in graphene. Nature Physics，2007，3（3）：172-175.

[8] Li X，Wang X，Zhang L，et al. Chemically derived ultrasmooth graphene nanoribbon semiconductors. Science，2008，319（5867）：1229-1232.

[9] Son Y W，Cohen M L，Louie S G. Energy gaps in graphene nanoribbons. Physical Review Letters，2006，97（21）：216803.

[10] Castro E V，Novoselov K，Morozov S，et al. Biased bilayer graphene：semiconductor with a gap tunable by the electric field effect. Physical Review Letters，2007，99（21）：216802.

[11] Pan F，Wang G，Liu L，et al. Bending induced interlayer shearing，rippling and kink buckling of multilayered graphene sheets. Journal of the Mechanics and Physics of Solids，2019，122：340-363.

[12] Paton K R，Varrla E，Backes C，et al. Scalable production of large quantities of defect-free few-layer graphene by shear exfoliation in liquids. Nature Materials，2014，13（6）：624-630.

[13] Georgakilas V，Tiwari J N，Kemp K C，et al. Noncovalent functionalization of graphene and graphene oxide for energy materials，biosensing，catalytic，and biomedical applications. Chemical Reviews，2016，116（9）：5464-5519.

[14] Joshi R，Carbone P，Wang F C，et al. Precise and ultrafast molecular sieving through graphene oxide membranes. Science，2014，343（6172）：752-754.

[15] Koppens F，Mueller T，Avouris P，et al. Photodetectors based on graphene，other two-dimensional materials and hybrid systems. Nature Nanotechnology，2014，9（10）：780-793.

[16] Raccichini R，Varzi A，Passerini S，et al. The role of graphene for electrochemical energy storage. Nature Materials，2015，14（3）：271-279.

[17] Bonaccorso F，Colombo L，Yu G，et al. Graphene related two-dimensional crystals and hybrid systems for energy conversion and storage. Science，2015，347（6217）：1246501.

[18] Zhang L，Shao J J，Zhang W，et al. Graphene-based porous catalyst with high stability and activity for the methanol oxidation reaction. Journal of Physical Chemistry C，2014，118（45）：25918-25923.

[19] Yoo S，Jeong S Y，Lee J W，et al. Heavily nitrogen doped chemically exfoliated graphene by flash heating. Carbon，2019，144：675-683.

[20] Cahangirov S，Topsakal M，Aktürk E，et al. Two-and one-dimensional honeycomb structures of silicon and germanium. Physical Review Letters，2009，102（23）：236804.

[21] Li L，Lu S Z，Pan J，et al. Buckled germanene formation on Pt（111）. Advanced Materials，2014，26（28）：4820-4824.

[22] Dávila M，Xian L，Cahangirov S，et al. Germanene：a novel two-dimensional germanium allotrope akin to graphene and silicene. New Journal of Physics，2014，16（9）：095002.

[23] Jing Y，Tang Q，He P，et al. Small molecules make big differences：molecular doping effects on electronic and optical properties of phosphorene. Nanotechnology，2015，26（9）：095201.

[24] Jing Y，Zhang X，Zhou Z. Phosphorene：what can we know from computations?. Wiley Interdisciplinary Reviews：Computational Molecular Science，2016，6（1）：5-19.

[25] Watanabe K，Taniguchi T，Kanda H. Direct-bandgap properties and evidence for ultraviolet lasing of hexagonal boron nitride single crystal. Nature Materials，2004，3（6）：404-409.

[26] Wang X，Maeda K，Chen X，et al. Polymer semiconductors for artificial photosynthesis：hydrogen evolution by mesoporous graphitic carbon nitride with visible light. Journal of the American Chemical Society，2009，131（5）：1680-1681.

[27] Wu F，Liu Y，Yu G，et al. Visible-light-absorption in graphitic C_3N_4 bilayer：enhanced by interlayer coupling. Journal of Physical Chemistry Letters，2012，3（22）：3330-3334.

[28] Dreyer D R，Park S，Bielawski C W，et al. The chemistry of graphene oxide. Chemical Society Reviews，2010，39（1）：228-240.

[29] Eda G，Fanchini G，Chhowalla M. Large-area ultrathin films of reduced graphene oxide as a transparent and flexible electronic material. Nature Nanotechnology，2008，3（5）：270-274.

[30] Zhu Y，Murali S，Stoller M D，et al. Microwave assisted exfoliation and reduction of graphite oxide for ultracapacitors. Carbon，2010，48（7）：2118-2122.

[31] Lin D，Liu Y，Liang Z，et al. Layered reduced graphene oxide with nanoscale interlayer gaps as a stable host for lithium metal anodes. Nature Nanotechnology，2016，11（7）：626-632.

[32]　Stankovich S，Dikin D A，Piner R D，et al. Synthesis of graphene-based nanosheets via chemical reduction of exfoliated graphite oxide. Carbon，2007，45（7）：1558-1565.

[33]　Brodie B. Sur le poids atomique du graphite. Annales de chimie et de physique，1860，59（466）：e472.

[34]　Staudenmaier L. Verfahren zur darstellung der graphitsäure. Berichte Der Deutschen Chemischen Gesellschaft，1898，31（2）：1481-1487.

[35]　Hummers Jr W S，Offeman R E. Preparation of graphitic oxide. Journal of the American Chemical Society，1958，80（6）：1339-1339.

[36]　Mallick B C，Hsieh C T，Yin K M，et al. Linear control of the oxidation level on graphene oxide sheets using the cyclic atomic layer reduction technique. Nanoscale，2019，11（16）：7833-7838.

[37]　Szabó T，Berkesi O，Forgó P，et al. Evolution of surface functional groups in a series of progressively oxidized graphite oxides. Chemistry of Materials，2006，18（11）：2740-2749.

[38]　He H，Kinowski J，Forster M，et al. A new structural model for graphite oxide. Chemical Physics Letters，1998，287：53-56.

[39]　Lerf A，He H，Riedl T，et al. ^{13}C and ^{1}H MAS NMR studies of graphite oxide and its chemically modified derivatives. Solid State Ionics，1997，101：857-862.

[40]　Bourlinos A B，Gournis D，Petridis D，et al. Graphite oxide: chemical reduction to graphite and surface modification with primary aliphatic amines and amino acids. Langmuir，2003，19（15）：6050-6055.

[41]　Cai W，Piner R D，Stadermann F J，et al. Synthesis and solid-state NMR structural characterization of ^{13}C-labeled graphite oxide. Science，2008，321（5897）：1815-1817.

[42]　Yeh C N，Raidongia K，Shao J，et al. On the origin of the stability of graphene oxide membranes in water. Nature Chemistry，2015，7（2）：166-170.

[43]　Gao W，Alemany L B，Ci L，et al. New insights into the structure and reduction of graphite oxide. Nature Chemistry，2009，1（5）：403-408.

[44]　Paredes J I，Villar-Rodil S，Solís-Fernández P，et al. Atomic force and scanning tunneling microscopy imaging of graphene nanosheets derived from graphite oxide. Langmuir，2009，25（10）：5957-5968.

[45]　Schniepp H C，Li J L，McAllister M J，et al. Functionalized single graphene sheets derived from splitting graphite oxide. Journal of Physical Chemistry B，2006，110（17）：8535-8539.

[46]　McAllister M J，Li J L，Adamson D H，et al. Single sheet functionalized graphene by oxidation and thermal expansion of graphite. Chemistry of Materials，2007，19（18）：4396-4404.

[47]　Barroso-Bujans F，Alegría A，Colmenero J. Kinetic study of the graphite oxide reduction: combined structural and gravimetric experiments under isothermal and nonisothermal conditions. Journal of Physical Chemistry C，2010，114（49）：21645-21651.

[48]　Jung I，Field D A，Clark N J，et al. Reduction kinetics of graphene oxide determined by electrical transport measurements and temperature programmed desorption. Journal of Physical Chemistry C，2009，113（43）：18480-18486.

[49]　邹艳红，刘洪波，傅玲，等. 热解温度对氧化石墨的结构与导电性能的影响. 硅酸盐学报，2006，34（3）：318-323.

[50]　Acik M，Lee G，Mattevi C，et al. Unusual infrared-absorption mechanism in thermally reduced graphene oxide. Nature Materials，2010，9（10）：840-845.

[51]　Jeong H K，Lee Y P，Jin M H，et al. Thermal stability of graphite oxide. Chemical Physics Letters，2009，470（4-6）：255-258.

[52]   Bagri A, Mattevi C, Acik M, et al. Structural evolution during the reduction of chemically derived graphene oxide. Nature Chemistry, 2010, 2 (7): 581-587.

[53]   Chung D. Review graphite. Journal of Materials Science, 2002, 37 (8): 1475-1489.

[54]   Shen B, Lu D, Zhai W, et al. Synthesis of graphene by low-temperature exfoliation and reduction of graphite oxide under ambient atmosphere. Journal of Materials Chemistry C, 2013, 1 (1): 50-53.

[55]   Jin M, Jeong H K, Kim T H, et al. Synthesis and systematic characterization of functionalized graphene sheets generated by thermal exfoliation at low temperature. Journal of Physics D: Applied Physics, 2010, 43 (27): 275402.

[56]   Kaniyoor A, Baby T T, Ramaprabhu S. Graphene synthesis via hydrogen induced low temperature exfoliation of graphite oxide. Journal of Materials Chemistry, 2010, 20 (39): 8467-8469.

[57]   Lv W, Tang D M, He Y B, et al. Low-temperature exfoliated graphenes: vacuum-promoted exfoliation and electrochemical energy storage. ACS Nano, 2009, 3 (11): 3730-3736.

[58]   Pei S, Cheng H M. The reduction of graphene oxide. Carbon, 2012, 50 (9): 3210-3228.

[59]   Schniepp H C, Li J L, McAllister M J, et al. Functionalized single graphene sheets derived from splitting graphite oxide. Journal of Physical Chemistry B, 2006, 110: 8535-8539.

[60]   Dominko R, Gaberscek M, Drofenik J, et al. The role of carbon black distribution in cathodes for Li ion batteries. Journal of Power Sources, 2003, 119: 770-773.

[61]   Dominko R, Gaberšček M, Drofenik J, et al. Influence of carbon black distribution on performance of oxide cathodes for Li ion batteries. Electrochimica Acta, 2003, 48 (24): 3709-3716.

[62]   Liu Y, Li X, Guo H, et al. Effect of carbon nanotube on the electrochemical performance of C-LiFePO$_4$/graphite battery. Journal of Power Sources, 2008, 184 (2): 522-526.

[63]   Li X, Kang F, Bai X, et al. A novel network composite cathode of LiFePO$_4$/multiwalled carbon nanotubes with high rate capability for lithium ion batteries. Electrochemistry Communications, 2007, 9 (4): 663-666.

[64]   Srinivasan V, Newman J. Discharge model for the lithium iron-phosphate electrode. Journal of the Electrochemical Society, 2004, 151 (10): A1517-A1529.

[65]   Takami N, Satoh A, Hara M, et al. Structural and kinetic characterization of lithium intercalation into carbon anodes for secondary lithium batteries. Journal of the Electrochemical Society, 1995, 142 (2): 371-379.

[66]   Doyle M, Fuentes Y. Computer simulations of a lithium-ion polymer battery and implications for higher capacity next-generation battery designs. Journal of the Electrochemical Society, 2003, 150 (6): A706-A713.

[67]   Su F Y, You C, He Y B, et al. Flexible and planar graphene conductive additives for lithium-ion batteries. Journal of Materials Chemistry, 2010, 20 (43): 9644-9650.

第5章
从氧化石墨烯到石墨烯的转变

5.1 氧化石墨和氧化石墨烯

氧化石墨烯作为石墨烯的重要前驱体，与石墨烯具有相似的层状结构，其表面修饰有大量的含氧官能团，而正是得益于这些含氧官能团，氧化石墨烯具有独特的亲水特性，从而可以形成稳定的水溶液[1]。但是含氧官能团的引入在一定程度上造成了石墨烯性质的劣化。如何实现从氧化石墨烯到石墨烯的有效转变，成为世界性的研究方向[1-3]。

氧化石墨烯的还原方法主要包括水热还原、化学还原、热还原以及电化学法等[4-6]。不同的还原方法对含氧官能团的脱除程度和石墨烯结构的影响不同[7]。类似于碳纳米管和富勒烯等材料，石墨烯片层上的不规则结构以及晶格缺陷会严重影响其导电特性[8]。若是石墨烯表面的所有晶格缺陷能够被修复，可以预见，修复后的还原氧化石墨烯会具有同完美石墨烯相媲美的性质。

氧化石墨和氧化石墨烯是石墨和石墨烯的重要衍生物[9]。氧化石墨具有与石墨类似的层状堆叠结构，其层间距由于片层上大量含氧官能团的引入而增大到 $0.6\sim1.2$ nm。从化学结构上来看氧化石墨烯与氧化石墨类似，但其结构具有很大差异。氧化石墨烯是指单层或者少层的表面富含含氧官能团的碳原子层，可以理解为石墨烯的氧化衍生物或者氧化石墨的基本组成单元。氧化石墨烯可以通过对氧化石墨的超声剥离得到，并在水中实现良好的分散，为后续氧化石墨烯的应用奠定良好的基础[10]。目前对于氧化石墨烯的研究，已经不仅仅是将其作为石墨烯的前驱体，越来越多的科学家已经将其作为一种重要的二维材料来实现更多功能化的应用。因此，氧化石墨烯不是一种可有可无的材料[11]。作者所在团队于 2016 年 11 月在天津主办了第一届"氧化石墨烯研讨会"，此次研讨会围绕"氧化石墨烯：不是一种可有可无的材料"和"科学研究中的人文情怀：做有用的研究，讲有趣的故事"两大主题展开研讨，邀请了近 20 位在氧化石墨烯领域做出过节点性、代表性工作的优秀华人学者，其中包括 8 位国家杰出青年科学基金获得者以及多位汤森路透高被引科学家，奉上了一场关于氧化石墨烯的学术思想盛宴。

5.2 氧化石墨烯的结构及化学性质

人们对氧化石墨的研究已经有一百五十多年的历史，但对其精确结构一直各抒己见，众说纷纭，没有形成统一的认识。由于制备方法和石墨原料等的不同，氧化石墨结构和组成各异，造成氧化石墨材料本身的复杂性，加上没有适合这种材料的精确分析技术等因素，人们对氧化石墨的精确结构的认识依旧比较模糊，至今也没有一个明确的结构模型。尽管如此，人们对氧化石墨结构的认识已经取得了巨大的进步。

1859 年，Brodie[12]通过使用发烟硝酸和氯化钾的混合物反复多次地对石墨进行氧化修饰，最终合成出了氧化石墨。氧化石墨就是石墨在强氧化剂的氧化条件下得到的含氧官能团插层化合物，它是氧化石墨烯的直接前驱体。通过对氧化石墨的剥离，可以得到单一片层的氧化石墨，也就是氧化石墨烯。由于氧化石墨 Brodie 制备法非常耗时，人们开始寻求更加有效的制备方法。1898 年，Staudenmaier 等[13]对 Brodie 的制备方法进行了改善，使得制备氧化石墨的过程变得更加实用，但是这个改善后的方法并没有显著地提高制备氧化石墨的效率，并且制备过程中还伴有有毒气体的产生。大约 60 年之后，在前人不断努力的基础上，1958 年 Hummers 等[14]报道了如今使用最多的一种氧化石墨的制备方法，该方法大大缩短了制备时间，并且整个合成过程安全无毒。图 5-1 为采用改进的 Hummers 制备方法时石墨片氧化机理模型图。

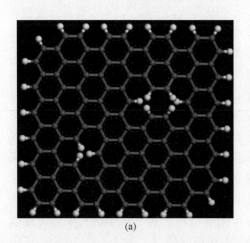
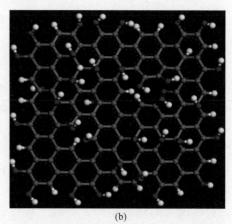

(a)   (b)

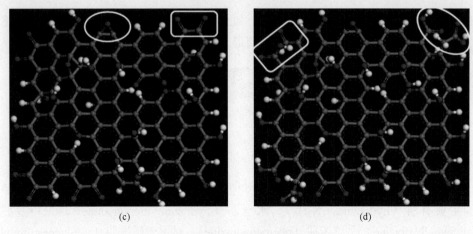

图 5-1　石墨片的氧化机理模型[10]

在氧化石墨的制备过程中，大量的含氧官能团被引入到石墨片层上，这些官能团的引入增大了石墨的层间距，使层间距由最初的 0.334 nm 增大到约 1.0 nm。层间距的增加以及含氧官能团空间位阻效应削弱了石墨片层之间的范德瓦耳斯力，使得片层之间的相互吸引力大大减弱，在外界机械力（如超声）的作用下，单一的氧化石墨片层能够很容易地被剥离下来，获得的单一氧化石墨片层就是氧化石墨烯，它的厚度约为 1.0 nm。氧化石墨烯具有比石墨烯更大的厚度，主要来源于片层上含氧官能团的引入。从结构上来说，氧化石墨烯可以被认为是石墨烯的含氧官能化衍生物，将氧化石墨烯片层上的含氧官能团移除，可以部分恢复石墨烯 sp^2 杂化的碳原子网络结构，从而实现氧化石墨烯到石墨烯的还原和转变[15, 16]。

氧化石墨通过简单的超声可以在水中完全剥离形成氧化石墨烯水溶胶，通过 zeta 电位测试发现氧化石墨烯分散在水中时荷负电，也就是说氧化石墨烯片层间的静电斥力使它们能在水中稳定分散。氧化石墨烯也可以分散在极性有机溶剂中，包括乙二醇、四氢呋喃（THF）、二甲基甲酰胺（DMF）、N-甲基吡咯烷酮（NMP）等。由于氧化过程中石墨层内 sp^2 结构的破坏，氧化石墨不导电，因为氧化程度的不同，其电阻率为 $10^3 \sim 10^7 \Omega/cm$。另外，氧化石墨具有热不稳定性，60℃以上会缓慢分解。

近年人们发现了氧化石墨的一个特性，即当氧化石墨溶于水或极性有机溶剂中会形成液晶[17-19]。和气态、液态、固态一样，液晶是一种物质状态，它可以流动，又具有晶体的光学性质。研究发现，功能化石墨烯以及氧化石墨烯易溶于水和极性有机溶剂，能形成溶致向列型液晶，这是一种各向异性胶体的典型中间相，这种液晶的稳定性来自氧化石墨烯片层间的静电斥力[17, 18]。和氧化石墨烯普通水溶胶一样，液晶态氧化石墨烯对离子强度、pH 值、外部磁场等也比较敏感[17]。通过离心分级窄化片层尺寸的多分散性（polydispersity）以及提高氧化石墨烯浓度（氧化石墨烯体积分数大于 0.38%），氧化石墨烯能形成遵循扭转晶界模型的手性液晶，它具有层状和长程螺旋状排列形式。

5.3 氧化石墨烯的还原方法

5.3.1 化学还原

1. 肼类

肼是一种无色发烟的、具有腐蚀性和强还原性的液体化合物。常用的肼类还原剂主要有肼（hydrazine，N_2H_4）、水合肼（hydrazine monohydrate）、二甲基肼（dimethylhydrazine）[20]、苯肼（phenylhydrazine）、对甲苯磺酰肼（p-toluenesulfonyl hydrazide）[21]等，肼类还原剂是一种高效的还原氧化石墨烯的试剂，但该类还原剂存在成本高和毒性大的缺点，这限制了其应用。Park 等[22]采用水合肼作为还原剂对未剥离的氧化石墨和剥离后的氧化石墨烯进行还原，如图 5-2 所示，并采用多种表征手段研究两种还原产物的化学和结构性能。研究发现，二者在化学和结构性能方面表现出明显的差异：还原氧化石墨烯发生明显的团聚现象；氧化石墨烯的还原程度高于氧化石墨；还原氧化石墨烯比表面积远高于还原氧化石墨。该研究表明，先对氧化石墨进行剥离有助于进一步的化学还原，且有利于形成比表面积较大的石墨烯材料。

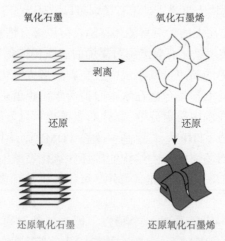

图 5-2　还原氧化石墨/石墨烯合成示意图[22]

Pham 等[23]以苯肼为还原剂，室温下对氧化石墨烯进行还原，通过抽滤、干燥得到的石墨烯层称为石墨烯纸。研究发现，干燥温度和时间对石墨烯纸的电导率具有非常大的影响，150℃干燥 3 h 得到的石墨烯纸电导率可达 2.095×10^4 S/m，是 50℃干燥 12 h 得到的石墨烯纸电导率的 4.4 倍。该方法得到的石墨烯导电性远远高于其他还原方法制备的石墨烯，而且其可以快速溶解于有机溶剂中，因此在制备石墨烯基复合材料方面具有潜在的应用价值。

2. 金属氢化物

硼氢化钠（sodium borohydride，$NaBH_4$）中 H 显-1 价，因此是一种具有强还原性的无机物，主要用于对羰基的还原，可用作醛类、酮类和酰氯类的还原剂，在有机合成中起到很大的作用，被称为"万能还原剂"。Shin 等[24]对硼氢化钠还原氧化石墨烯膜做了详细的研究，并探索其还原机理，研究表明，在具有相同的碳氧比（C/O，摩尔比）时，与水合肼还原的膜相比，硼氢化钠还原氧化石墨烯具有更小的电阻，原因是水合肼还原氧化石墨烯中含有 C—N 键。

氢化铝锂（lithium aluminium hydride，LAH）是一种常用的有机化合物还原剂，常用于还原含氧基团，Al—H 键弱于 B—H 键，因此其还原能力比硼氢化钠更强。新加坡南洋理工大学 Pumera 课题组[25]采用硼氢化钠、水合肼、氢化铝锂 3 种还原剂对氧化石墨烯进行还原，得到 3 种产物的 C/O 分别为 9.5、11.5、12，sp^2C 杂化值（反应前氧化石墨烯为 36%）分别为 68%、

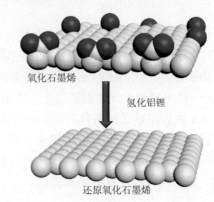

图 5-3　氢化铝锂作还原剂制备还原氧化石墨烯[25]

69%、70%，结合 XPS、FTIR、Raman 光谱表征的数据，研究表明氢化铝锂还原能力高于硼氢化钠和水合肼，是一种高效的氧化石墨烯还原剂，图 5-3 为氢化铝锂作还原剂制备还原氧化石墨烯示意图。随后，该课题组[26]继续研究了硼氢化钠的两种衍生物氰基硼氢化钠（sodium cyanoborohydride）和三乙酰氧基硼氢化钠（sodium triacetoxyborohydride）对氧化石墨烯的还原作用，并研究了不同还原程度氧化石墨烯的电化学性能。

3. 活性金属

金属在自然界中广泛存在，是现代工业中非常重要和应用最多的一类物质。采用活性金属对氧化石墨烯进行还原的方法，不仅可以得到还原程度高、导电性能和热稳定性能好的还原石墨烯，还具有无毒性、成本低、效率高的优点。

哈尔滨工程大学的 Fan 等[27]采用铝粉在室温下酸性环境中还原氧化石墨烯，还原过程仅需 30 min，分析结果表明，还原产物 C/O 为 18.6，氧化石墨烯被高度还原；还原后石墨烯的电导率为 2.1×10^3 S/m，相比原始石墨的电导率

（3.2×10^4S/m）仅低了一个数量级；由于含氧基团的有效脱出，产物具有良好的热稳定性；比表面积为 365m^2/g。随后，该课题组[28]采用铁粉作为还原剂，还原后石墨烯还原程度高（C/O 为 7.9）、热稳定性好（600℃时质量损失为 7%）、导电性能好（电导率为 2.3×10^3S/m）。

金属锌也是一种较为常用的活性金属，其金属活性介于铝和铁之间。Liu 等[29]采用锌粉在酸性环境下还原氧化石墨烯，通过 XRD、TEM、AFM、XPS、Raman 光谱、FTIR、UV 等多种表征对还原产物进行多角度的分析，结果表明，还原产物 C/O 为 8.2，还原后石墨烯的电导率为 6.5×10^2S/m，约是硼氢化钠还原石墨烯的电导率（46.4S/m）的 14 倍。

4. 还原性酸或酚

一些弱酸性的酸或酚如抗坏血酸（ascorbic acid，AA）、焦梧酸（pyrogallic acid）、对苯二酚（hydroquinone）、茶多酚（tea polyphenol）等也可以作为氧化石墨烯的还原剂，此类还原剂的特点是溶解性好。L-抗坏血酸（L-AA，又称维生素C）是一种无毒的水溶性弱还原剂。上海交通大学 Zhang 等[30]在室温下水溶液中以 L-AA 为还原剂还原氧化石墨烯，研究发现，L-AA 不仅起到还原剂的作用，还起到封端剂的作用，还原前后氧化石墨烯的红外光谱和拉曼光谱如图 5-4 所示。该还原方法避免了使用有毒的肼或水合肼试剂，也无须加入任何封端剂或表面活性剂，是一种环境友好的还原方法。

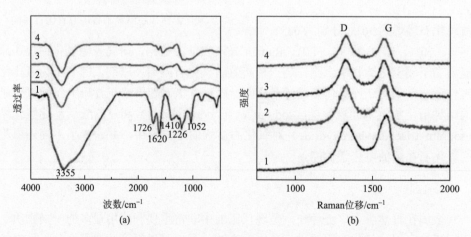

图 5-4　氧化石墨烯的红外光谱（a）和拉曼光谱（b），1、2、3、4 分别表示还原前及被 L-抗坏血酸还原 12 h、24 h、48 h 后的图谱[30]

焦梧酸又称焦梧酚或焦性没食子酸，化学名为 1,2,3-三羟基苯，易溶于水和乙醇，具有较强的还原性。Fernández-Merino 等[31]在焦梧酸还原氧化石墨烯方面做了大量研究，他们分别以水合肼、焦梧酸、硼氢化钠、氢氧化钾、维生素 C 作为还原剂对氧化石墨烯进行还原。研究表明，水合肼对氧化石墨烯的还原程度和相关性能的修复最好，焦梧酸和维生素 C 对氧化石墨烯的还原为中等程度，其中，维生素 C 是一种较好的还原剂，可以获得与水合肼还原相近的还原效果。

Akhavan 等[32]研究了铁对酚类还原剂还原氧化石墨烯的影响，他们采用水合肼、绿茶茶多酚和铁辅助绿茶茶多酚 3 种还原剂对氧化石墨烯进行还原，通过 XPS、Raman 光谱、AFM 等对 3 种还原产物进行表征。研究表明，铁的辅助不仅可以降低茶多酚的还原温度，还可以增加茶多酚的抗氧化活性，铁辅助茶多酚还原氧化石墨烯的还原水平和电导率远优于水合肼还原氧化石墨烯和单一茶多酚还原氧化石墨烯，该方法对石墨烯 sp^2 杂化结构有更好的修复作用，是一种优良的氧化石墨烯还原方法。

5. 其他还原剂

除了上述研究较多的几类还原剂，国内外研究者也采用其他化学试剂如柠檬酸钠[33]、H_2[34]、碱性物质[35]（如氢氧化钠、氢氧化钾、氨水等）、还原性糖[36]（如葡萄糖、果糖、蔗糖等）、氢碘酸[37]等还原氧化石墨烯，并获得不错的还原效果。中国科学院金属研究所的研究人员提出以氢碘酸还原氧化石墨烯薄膜的新方法，实现了氧化石墨烯低温、快速、高效还原，突破了氧化石墨烯还原只有在碱性环境中才能有效进行的观点[38]。还原后的石墨烯 C/O 为 12，电导率为 298S/m，相比其他化学还原方法均有很大提高，还原后的石墨烯膜具有非常好的完整性、灵活性，甚至其力学强度和韧性也获得提高。

5.3.2　水热及溶剂热还原

溶剂热还原是在封闭容器中进行的，通过增加压力使溶液温度在沸点以上的一种新型还原方法。溶剂热还原可以生产稳定分散、溶解于溶剂的 rGO。

在水热还原中，超临界水扮演着重要的还原试剂的作用，随着压力和温度的改变，GO 的物理化学性质也改变，这提供了一种代替有机溶剂的绿色化学选择。Zhou 等[39]通过水热还原得到了稳定的石墨烯分散液，他们发现在水热条件下超临界水能够作为绿色还原剂还原氧化石墨烯，同时这种条件下的高温高压环境也能促进芳香环结构的恢复。这种还原过程类似于 H^+催化脱水除去羟基。水热还原产物的稳定性与 pH 值有关，在 pH 值为 11 时，水热还原得到的石墨烯可以稳定分散在溶剂中，而在 pH 值为 3 时，则发生聚集，即使在浓氨水溶液中也不再溶解，反应机理如图 5-5 所示。

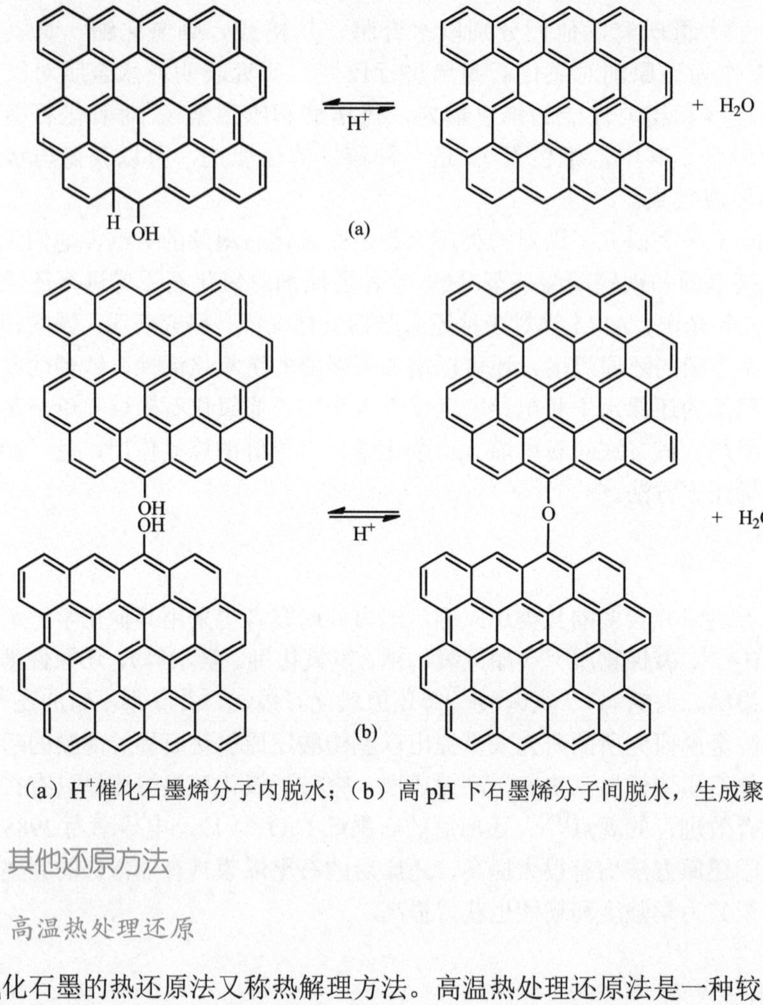

图 5-5 （a）H⁺催化石墨烯分子内脱水；（b）高 pH 下石墨烯分子间脱水，生成聚合产物[30]

5.3.3 其他还原方法

1. 高温热处理还原

氧化石墨的热还原法又称热解理方法。高温热处理还原法是一种较早使用的还原氧化石墨的方法，一般需要 1000℃ 以上的高温和惰性气体或还原气体氛围，在这个过程中，氧化石墨表面大量的含氧官能团以 CO、CO_2 等气体的形式损失，而这些气体将在氧化石墨层间产生巨大的压力，从而使石墨片层被很快剥离[40]。这种方法操作简单，制备的还原氧化石墨烯质量稳定可靠，但高温条件下得到的石墨烯尺寸不大，结构不完整，给石墨烯的片层结构带来了不可逆的破坏，因此该法相对于机械剥离法和 CVD 法来说具有一些先天的缺陷。而且该法的还原成本较高，目前其热处理温度已经可以低于 1000℃[41]。笔者课题组[42]在充分理解热膨胀还原机理的基础上提出了一种改进的方法——低温负压解理法。该方法是将氧化石墨放入样品管内，在真空条件下快速升温到 200℃，在这期间氧化石墨的体积明显膨胀。在 200℃ 下保持 5 h，取出即可得到还原的氧化石墨烯。普林斯顿大学 Aksay 课题组[43]采用 Staudenmaier 法制备出氧化石墨，并将其放入石英管中，氩气氛围下快速加热到 1050℃并保持 30 s，制备出单层石墨烯。他们研究制备前后、溶液中与干燥后样品的表面积和形貌，针对分解动力学原理和系统中石墨烯厚度的统计学分析两点核心问题进行理论研究。尽管高温热处理还原法使体积大幅膨胀，但获得的石墨烯表现为蠕虫状或手风琴状，其标准比表面积小于 100 m²/g，远远小于石墨烯片层理论值 2630 m²/g。

2. 电化学还原

电化学还原是一种简单、绿色、可大规模生产的方法，近年来有关该方法还原氧化石墨烯来制备石墨烯的报道有很多。该方法主要有以下不足：需要配制复杂的缓冲溶液；需要高电压来激活还原反应；还原反应对空气湿度非常敏感。为了解决以上问题，中国科学院 Guo 等[44]发展了一种简单低功耗的电化学方法，在单一溶液中还原和装配氧化石墨烯，整个过程可以用电流-电压曲线来指导，以此来研究氧化石墨烯膜的还原和装配机理。研究表明，该方法制备的石墨烯可用于制备检测分析农药乐果（Rogor）等的柔性传感器，也可以简单地完成还原氧化石墨烯修饰电极，并能表现出优异的光电探测性能。图 5-6 为制备的石墨烯柔性电极。

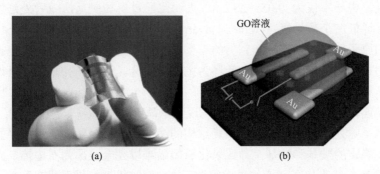

图 5-6　（a）带图案金电极的柔性基底；（b）氧化石墨烯溶液滴在带图案电极的 PET 基底上的示意图[44]

3. 催化或光催化还原

石墨烯或氧化石墨烯是一种二维碳材料，可以作为金属或金属氧化物等多种无机粒子的负载基底，是构建复合材料的基材[45,46]。Xu 等[47]在氧化石墨烯的水-乙醇混合溶液中加入 Pt、Pd 或 Au 等金属的盐作为金属前驱体，通过油浴反应得到还原后的氧化石墨烯和金属复合材料，并将其用于甲醇燃料电池。反应中，还原后的金属纳米颗粒可以作为乙醇还原氧化石墨烯的有效催化剂，实现了氧化石墨烯的催化还原。除了金属颗粒的催化作用，氧化石墨烯片负载 TiO₂后，在紫外光照下也可以利用光催化将氧化石墨烯还原[48]。

4. 微波热还原

微波是指频率为 $3 \times 10^8 \sim 3 \times 10^{11}$ Hz 的电磁波，微波加热是指高频交变电场的场能通过微波改变介质中极性分子极性排列取向，这一过程造成分子运动和相互摩擦从而产生热量，使介质温度不断升高，是一种高效的加热方式。Chen 等[49]将氧化石墨烯的 N, N-二甲基乙酰胺（DMAC）和水的混合溶液放入微波炉中，在干燥的氮气保护下，800 W 功率下加热 1~10 min，得到了还原石墨烯产物。获得的石墨烯可以分散于 DMAC 中形成稳定的胶体，其导电性能是氧化石墨烯的 10^4 倍。微波热还原法具有高效、高产的优点，可以达到克级的还原规模。

5.4 ▶ 表面缺陷及其修复

通过还原氧化石墨烯获得的石墨烯含有一定量的含氧官能团，在强氧化过程中引入缺陷，严格意义上讲，是一种化学改性的石墨烯，其导电性能远远低于未被破坏的石墨烯。研究表明，氧化石墨烯片层即便被完全还原，其导电性也只能部分恢复，电导率仅为 0.05~2S/cm，大约比通过机械剥离法或者外延生长法得到的石墨烯低三个数量级。Gómez-Navarro 等研究了采用氢等离子体还原得到的石墨烯的原子结构，发现其和完美的石墨烯不同，这种石墨烯片层上包括大小为几纳米的无缺陷区和五元环、七元环为主的缺陷区。这些拓扑缺陷显著地影响了它的电子和机械性能，然而这些缺陷区的碳原子也是通过 sp^2 杂化和邻近的 3 个碳原子相连，所以通过光谱技术无法发现这些缺陷。Shenoy 等[50]通过分子动力学模拟研究了热处理过程中氧化石墨烯结构的演变，结果表明，邻近的羟基和环氧基会形成稳定的羰基和醚基，导致氧化石墨烯难以完全还原为石墨烯，并且从红外光谱和 X 射线光电子能谱结果中得到证实，同时模拟结果表明在氢气气氛下热还原氧化石墨烯可以提高还原效率。通过还原法制备的石墨烯含有一定的缺陷和官能团，即便如此，该类方法被认为是最有可能实现石墨烯低成本宏量制备的方法。目前该类方法在向两个方向发展，一方面通过开发和发展能利用石墨烯缺陷或含氧官能团的领域（如复合材料、催化、储能等）来实现这类石墨烯的规模化应用；另一方面改进和发展通过氧化石墨制备石墨烯的方法，提高 sp^2 碳网络的恢复程度，制备更高质量的石墨烯。Gao 等[3]通过硼氢化钠化学转化和硫酸处理，然后进行热退火，设计了完整的还原工艺，如图 5-7 所示。产品中只有少量杂质（硫和氮质量分数均小于 0.5%，而其他化学还原方法所得产品中硫、氮的含量约为 3%）。这种方法在恢复共轭结构方面十分有效，最终获得高溶解性和高导电性的石墨烯材料。

基于石墨烯修复的研究旨在改善石墨烯的缺陷结构，使其具有高导电性、高导热特性以及高机械强度，主要方法包括高温热处理修复、基于石墨烯内碳原子重排的自修复、金属材料辅助修复以及通过吸附具有修复功能的分子材料来进行修复等方法。

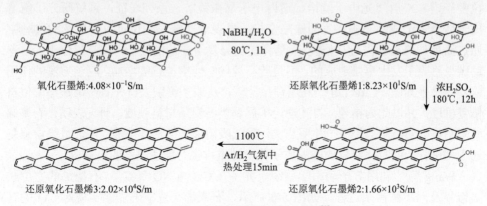

图 5-7 氧化石墨烯还原示意图[3]

热修复方法是在烃类化合物气体存在的情况下，通过高温实现石墨烯片层上晶格缺陷的去除和石墨烯完美晶体结构的恢复。烃类化合物作为碳源可以填补石墨烯缺陷位点上碳原子的缺失。López 等[51]提出以乙烯为碳源，在高温条件及金属催化剂的作用下，利用 CVD 方法来修复石墨烯片层上的缺陷从而获得了具有高导电性的还原氧化石墨烯，研究结果表明，相较于未修复前的石墨烯材料，其电导率提高了将近两个数量级，可以达到室温下 10～350S/cm。另外，许多研究表明，除了温度、压力及碳前驱体等因素外，石墨烯 CVD 生长的过渡金属基底也会对石墨烯的晶体生长及缺陷修复有重要作用。Wang 等[52]通过理论计算发现铜（111）、镍（111）以及钴（001）等金属催化剂表面的石墨烯上的缺陷与独立的石墨烯材料是完全不同的。这些缺陷位点与金属表面的相互作用力以及金属原子与石墨烯缺陷的混杂结构，会极大地降低材料表面缺陷的形成，降低其在材料表面的扩散能垒。后续的研究结果也表明，相较于镍，铜作为催化剂能使石墨烯表面形成较低的缺陷浓度，且在适宜的温度中，更容易实现缺陷的高效修复，从而更容易制备高质量的石墨烯材料。

Ding 等[53]通过传统的分子动力学模拟以及密度泛函理论计算，对镍催化剂在较大的石墨烯缺陷修复方面的作用进行了深入的研究。通过对比在有无镍金属催化剂条件下的石墨烯缺陷修复过程，研究者发现镍金属催化剂不但能够显著催化含碳原料的降解，加速碳六元环在该过程的形成，还能抑制悬挂碳链的形成，修复碳补丁，最终获得具有完美晶格结构的石墨烯片。Wang 等[54]也利用模拟计算的方法发现金属的平面结构与阶梯表面结构在缺陷修复方面的不同，包含突出镍原子的金属阶梯表面能够显著降低缺陷的修复势能，从而加速缺陷的快速修复，实现完美石墨烯的快速制备。基于石墨烯内碳原子重排的自修复也是一种进行石墨烯表面缺陷修复的有效方法，该方法适用于小尺寸缺陷位的修复。Yu 等[55]利用拉曼光谱、X 射线光电子能谱、透射电子显微镜等一系列表征，系统研究了氩等离子体轰击造成的石墨烯表面缺陷空位，发现这些缺陷空位可以在后续的实验中通过简单加热处理进行自修复，而这样的自修复主要是由位于缺陷空位位点的可移动碳吸附原子发生重排造成的，但是若石墨烯缺陷空位持续增加，则该方法的作用就变得微乎其微。Ciraci 等[56]利用理论计算，从原子级别去研究石墨烯缺陷空位自修复机理，并以此为指导，将其理论扩展到类石墨烯材料领域。研究表明，石墨烯缺陷空位会对吸附碳原子产生吸引力，降低吸附原子的迁移势能，保证缺陷自修复的顺利进行，同时，空位周围的原子化学键重排也会加速缺陷的自修复。

　　Wang 等[57]利用分子动力学系统研究了在 CO 与 NO 气氛下，石墨烯的空位缺陷修复及同步氮掺杂过程。如图 5-8 所示，石墨烯空位缺陷能够实现对 CO 的有效吸附，而后剩余的氧原子被后续的 NO 气体脱除，形成 NO_2 气体。作者对研究体系进行深化，在后续的实验中利用 NO 气体在缺陷位的有效吸附及后续对多余氧原子的脱除，实现了石墨烯材料缺陷修复与氮掺杂过程的同步进行，该方法也对未来氧化石墨烯的还原修复起到了重要的推动作用。

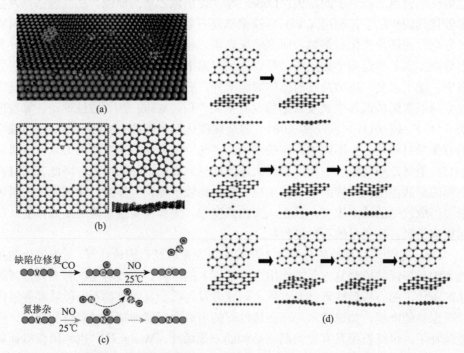

图 5-8　（a）利用 CVD 方法实现石墨烯片层上的缺陷位修复[52]；（b）左图为初始状态下石墨烯的大孔缺陷，右图为镍金属催化修复之后的石墨烯结构[53]；（c）CO 与 NO 辅助的石墨烯空位缺陷修复及氮掺杂过程[57]；（d）石墨烯缺陷自修复过程的分子动力学模拟图[56]

5.5　小结

本章分析了各种常用还原法制备石墨烯的优缺点，对还原前后原子结构变化及还原机理进行了详细介绍。缺陷的引入会对石墨烯性质造成不同程度的损害，而有望成为大批量石墨烯制备方法的氧化还原法、化学气相沉积法等都会造成石墨烯晶体结构上的缺陷。石墨烯表面缺陷修复能够获得具有完美晶格结构的石墨烯，使其在电学、光学、热学等方面的性质获得极大的改善，这为未来石墨烯的应用提供了重要的前提条件。

参 考 文 献

[1] Georgakilas V，Otyepka M，Bourlinos A B，et al. Functionalization of graphene: covalent and non-covalent approaches，derivatives and applications. Chemical Reviews，2012，112（11）: 6156-6214.

[2] Zhu Y W，Murali S，Cai W W，et al. Graphene and graphene oxide: synthesis，properties，and applications. Advanced Materials，2010，22（46）: 5226.

[3] Gao W，Alemany L B，Ci L J，et al. New insights into the structure and reduction of graphite oxide. Nature Chemistry，2009，1（5）: 403-408.

[4] Singh V，Joung D，Zhai L，et al. Graphene based materials: past，present and future. Progress in Materials Science，2011，56（8）: 1178-1271.

[5] Eigler S，Enzelberger-Heim M，Grimm S，et al. Wet chemical synthesis of graphene. Advanced Materials，2013，25（26）: 3583-3587

[6] Park S，Ruoff R S. Chemical methods for the production of graphenes. Nature Nanotechnology，2009，4（4）: 217-224.

[7] Pei S F，Cheng H M. The reduction of graphene oxide. Carbon，2012，50（9）: 3210-3228.

[8] Kholmanov I N，Edgeworth J，Cavaliere E，et al. Healing of structural defects in the topmost layer of graphite by chemical vapor deposition. Advanced Materials，2011，23（14）: 1675-1678.

[9] Pei S，Wei Q，Huang K，et al. Green synthesis of graphene oxide by seconds timescale water electrolytic oxidation. Nature Communications，2018，9（1）: 145.

[10] Shao G，Lu Y，Wu F，et al. Graphene oxide: the mechanisms of oxidation and exfoliation. Journal of Materials Science，2012，47（10）: 4400-4409.

[11] Kim J，Cote L J，Huang J X. Two dimensional soft material: new faces of graphene oxide. Accounts of Chemical Research，2012，45（8）: 1356-1364.

[12] Brodie B C. On the atomic weight of graphite. Philosophical Transactions of the Royal Society of London，1859，149: 249-259.

[13] Poh H L，Šaněk F，Ambrosi A，et al. Graphenes prepared by Staudenmaier，Hofmann and Hummers methods with consequent thermal exfoliation exhibit very different electrochemical properties. Nanoscale，2012，4（11）: 3515-3522.

[14] Hummers Jr W S，Offeman R E. Preparation of graphitic oxide. Journal of the American Chemical Society，1958，80（6）: 1339-1339.

[15] Park S，Ruoff R S. Chemical methods for the production of graphenes. Nature Nanotechnology，2009，4（4）：217-224.

[16] Ang P K，Wang S，Bao Q L，et al. High-throughput synthesis of graphene by intercalation-exfoliation of graphite oxide and study of ionic screening in graphene transistor. ACS Nano，2009，3（11）：3587-3594.

[17] Kim J E，Han T H，Lee S H，et al. Graphene oxide liquid crystals. Angewandte Chemie International Edition，2011，50（13）：3043-3047.

[18] Xu Z，Gao C. Aqueous liquid crystals of graphene oxide. ACS Nano，2011，5（4）：2908-2915.

[19] Jalili R，Aboutalebi S H，Esrafilzadeh D，et al. Organic solvent-based graphene oxide liquid crystals：a facile route toward the next generation of self-assembled layer-by-layer multifunctional 3D architectures. ACS Nano，2013，7（5）：3981-3990.

[20] Stankovich S，Dikin D A，Dommett G H B，et al. Graphene-based composite materials. Nature，2006，442：282-286.

[21] Yun J M，Yeo J S，Kim J，et al. Solution-processable reduced graphene oxide as a novel alternative to PEDOT：PSS hole transport layers for highly efficient and stable polymer solar cells. Advanced Materials，2011，23（42）：4923-4928.

[22] Park S，An J，Potts J R，et al. Hydrazine-reduction of graphite-and graphene oxide. Carbon，2011，49（9）：3019-3023.

[23] Pham V H，Cuong T V，Nguyen-Phan T D，et al. One-step synthesis of superior dispersion of chemically converted graphene in organic solvents. Chemical Communications，2010，46（24）：4375-4377.

[24] Shin H J，Kim K K，Benayad A，et al. Efficient reduction of graphite oxide by sodium borohydride and its effect on electrical conductance. Advanced Functional Materials，2009，19（12）：1987-1992.

[25] Ambrosi A，Chua C K，Bonanni A，et al. Lithium aluminum hydride as reducing agent for chemically reduced graphene oxides. Chemistry of Materials，2012，24（12）：2292-2298.

[26] Chua C K，Pumera M. Reduction of graphene oxide with substituted borohydrides. Journal of Materials Chemistry A，2013，1（5）：1892-1898.

[27] Fan Z，Wang K，Wei T，et al. An environmentally friendly and efficient route for the reduction of graphene oxide by aluminum powder. Carbon，2010，48（5）：1686-1689.

[28] Fan Z J，Kai W，Yan J，et al. Facile synthesis of graphene nanosheets via Fe reduction of exfoliated graphite oxide. ACS Nano，2010，5（1）：191-198.

[29] Liu P，Huang Y，Wang L. A facile synthesis of reduced graphene oxide with Zn powder under acidic condition. Materials Letters，2013，91：125-128.

[30] Zhang J，Yang H，Shen G，et al. Reduction of graphene oxide via L-ascorbic acid. Chemical Communications，2010，46（7）：1112-1114.

[31] Fernández-Merino M J，Guardia L，Paredes J，et al. Vitamin C is an ideal substitute for hydrazine in the reduction of graphene oxide suspensions. Journal of Physical Chemistry C，2010，114（14）：6426-6432.

[32] Akhavan O，Kalaee M，Alavi Z，et al. Increasing the antioxidant activity of green tea polyphenols in the presence of iron for the reduction of graphene oxide. Carbon，2012，50（8）：3015-3025.

[33] Wan W B，Zhao Z B，Hu H，et al. "Green" reduction of graphene oxide to graphene by sodium citrate. Carbon，2011，8（49）：2878.

[34] Pham V H，Pham H D，Dang T T，et al. Chemical reduction of an aqueous suspension of graphene oxide by nascent hydrogen. Journal of Materials Chemistry，2012，22（21）：10530-10536.

[35]　Jin Y，Huang S，Zhang M，et al. A green and efficient method to produce graphene for electrochemical capacitors from graphene oxide using sodium carbonate as a reducing agent. Applied Surface Science，2013，268：541-546.

[36]　Shen J，Yan B，Shi M，et al. One step hydrothermal synthesis of TiO_2-reduced graphene oxide sheets. Journal of Materials Chemistry，2011，21（10）：3415-3421.

[37]　Pei S，Zhao J，Du J，et al. Direct reduction of graphene oxide films into highly conductive and flexible graphene films by hydrohalic acids. Carbon，2010，48（15）：4466-4474.

[38]　Zhao J，Pei S，Ren W，et al. Efficient preparation of large-area graphene oxide sheets for transparent conductive films. ACS Nano，2010，4（9）：5245-5252.

[39]　Zhou Y，Bao Q，Tang L A L，et al. Hydrothermal dehydration for the "green" reduction of exfoliated graphene oxide to graphene and demonstration of tunable optical limiting properties. Chemistry of Materials，2009，21（13）：2950-2956.

[40]　Saleem H，Haneef M，Abbasi H Y. Synthesis route of reduced graphene oxide via thermal reduction of chemically exfoliated graphene oxide. Materials Chemistry and Physics，2018，204：1-7.

[41]　Mao S，Lu G，Yu K，et al. Specific protein detection using thermally reduced graphene oxide sheet decorated with gold nanoparticle-antibody conjugates. Advanced Materials，2010，22（32）：3521-3526.

[42]　Lv W，Tang D M，He Y B，et al. Low-temperature exfoliated graphenes：vacuum-promoted exfoliation and electrochemical energy storage. ACS Nano，2009，3（11）：3730-3736.

[43]　McAllister M J，Li J L，Adamson D H，et al. Single sheet functionalized graphene by oxidation and thermal expansion of graphite. Chemistry of Materials，2007，19（18）：4396-4404.

[44]　Guo Y L，Wu B，Liu H T，et al. Electrical assembly and reduction of graphene oxide in a single solution step for use in flexible sensors. Advanced Materials，2011，23（40）：4626-4630.

[45]　Shang H Y，Ma M，Liu F S，et al. Self-assembled reduced graphene oxide-TiO_2 thin film for the enhanced photocatalytic reduction of Cr（Ⅵ）under simulated solar irradiation. Journal of Nanoscience and Nanotechnology，2019，19（6）：3376-3387.

[46]　Xu J，Guo Y，Huang T，et al. Hexamethonium bromide-assisted synthesis of CoMo/graphene catalysts for selective hydrodesulfurization. Applied Catalysis B：Environmental，2019，244：385-395.

[47]　Xu C，Wang X，Zhu J. Graphene-metal particle nanocomposites. Journal of Physical Chemistry C，2008，112（50）：19841-19845.

[48]　Akhavan O，Abdolahad M，Esfandiar A，et al. Photodegradation of graphene oxide sheets by TiO_2 nanoparticles after a photocatalytic reduction. Journal of Physical Chemistry C，2010，114（30）：12955-12959.

[49]　Chen W，Yan L，Bangal P R. Preparation of graphene by the rapid and mild thermal reduction of graphene oxide induced by microwaves. Carbon，2010，48（4）：1146-1152.

[50]　Pei Q，Zhang Y，Shenoy V. A molecular dynamics study of the mechanical properties of hydrogen functionalized graphene. Carbon，2010，48（3）：898-904.

[51]　López V，Sundaram R S，Gómez-Navarro C，et al. Chemical vapor deposition repair of graphene oxide：a route to highly-conductive graphene monolayers. Advanced Materials，2009，21（46）：4683-4686.

[52]　Wang L，Zhang X，Chan H L，et al. Formation and healing of vacancies in graphene chemical vapor deposition（CVD）growth. Journal of the American Chemical Society，2013，135（11）：4476-4482.

[53]　Meng L，Jiang J，Wang J，et al. Mechanism of metal catalyzed healing of large structural defects in graphene. Journal of Physical Chemistry C，2013，118（1）：720-724.

[54] Meng L，Wang Z，Jiang J，et al. Defect healing of chemical vapor deposition graphene growth by metal substrate step. Journal of Physical Chemistry C，2013，117（29）：15260-15265.

[55] Chen J，Shi T，Cai T，et al. Self healing of defected graphene. Applied Physics Letters，2013，102（10）：103107.

[56] Özçelik V O，Gurel H H，Ciraci S. Self-healing of vacancy defects in single-layer graphene and silicene. Physical Review B，2013，88（4）：045440.

[57] Wang B，Pantelides S. Controllable healing of defects and nitrogen doping of graphene by CO and NO molecules. Physical Review B，2011，83（24）：245403.

第6章

氧化石墨烯的界面化学与组装

6.1 氧化石墨烯的双亲特性——二维软材料

氧化石墨烯是一种各向异性的二维纳米材料。它有两个不同的尺度规模，即片层厚度和片层横向尺寸。氧化石墨烯的片层厚度约为 1 nm，而片层的横向尺寸却可达到几纳米甚至几百微米。对氧化石墨烯的研究可以追溯到 150 年前，那时人们就已经掌握了氧化石墨烯的制备方法[1]。从结构上看，氧化石墨烯可以被认为是石墨烯的衍生物，既拥有 sp^2 杂化碳原子所构成的六元环蜂窝结构，又具有 sp^3 杂化碳原子与氧原子形成的丰富含氧官能团（主要有羧基、羟基、环氧基）[2-4]。这样的结构使得氧化石墨烯兼具憎水性和亲水性以及丰富的表面化学活性，因而氧化石墨烯能够在特定的界面上进行自组装以及与一些具有还原能力的物质发生化学反应。此外，氧化石墨烯也可被看作一个分子或者颗粒，这取决于从哪个尺度角度去研究它。总之，氧化石墨烯具有多面性（图 6-1），兼具胶体、分子薄膜、高分子、双亲性分子、液晶分子的特性[5-9]。

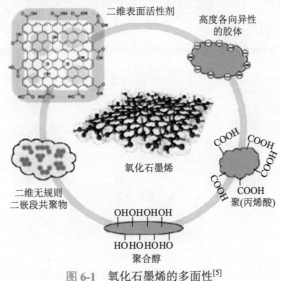

图 6-1　氧化石墨烯的多面性[5]

一百多年后的今天，氧化石墨烯再次引起了大范围的关注，其主要原因之一是氧化石墨烯可以作为石墨烯宏量制备的前驱体。

6.2 氧化石墨烯界面富集与组装

氧化石墨烯很容易在水中分散，形成一种胶体溶液。氧化石墨烯片层上的羧基官能团可以在水中发生电离而带有一定量的负电荷，片层之间的静电相互排斥使得氧化石墨烯能够保持稳定的分散状态。

相差巨大的纵横尺度使得氧化石墨烯具有极大的宽高比（aspect ratio），因此它是一种典型的二维纳米材料。氧化石墨烯片层上具有 π 电子共轭网络和多种含氧官能团。丰富的含氧官能团赋予了氧化石墨烯良好的亲水性，而 sp^2 杂化碳原子共轭网络又使得它具有憎水性，因此氧化石墨烯表现出双亲性，可以作为一种特殊的二维表面活性剂。氧化石墨烯的各向异性和巨大的宽高比使得其水溶液展现出明显的双折射性质，因此它是一种典型的二维溶致液晶分子。氧化石墨烯独特的结构造就了其性质的多面性，从而成为现今一种极具应用潜力的柔性二维纳米材料[5]。性质的多面性使得氧化石墨烯在自组装过程中显示出功能多样性，所以人们可以通过选择不同组装技术以及调控组装参数，制备出结构可控、性质可调的氧化石墨烯基宏观体（图 6-2）[7, 8, 10-14]。

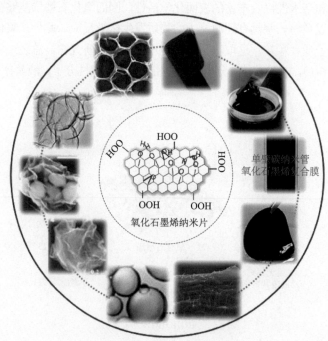

图 6-2 基于氧化石墨烯组装的宏观体材料[15]

氧化石墨烯独特的结构使其易溶于多种溶剂，因而具有很高的可操控性，易于在多种液相条件下反应。另外，在一定的条件下（如高温、化学处理、光照等），氧化石墨烯可以通过脱除自身的含氧官能团，部分恢复石墨烯的 sp^2 杂化碳原子结构。因此，目前常利用氧化石墨烯的组装与还原来制备石墨烯基宏观体材料。具体方式如下：首先选用适当的组装技术制备氧化石墨烯基宏观体，然后采用合适的方法（如热还原、化学还原等）将其还原为石墨烯基宏观体。氧化石墨烯高度的液相可操控性，使得这类间接合成石墨烯基宏观体的方法具有较广的应用性。需要注意的是，在还原氧化石墨烯宏观体的过程中，还原方法的选择尤为重要，不同的还原过程可以产生具有不同结构和性质的石墨烯基材料。

6.2.1　气/液界面组装

氧化石墨烯水溶液与空气形成的气/液界面可以作为氧化石墨烯片层发生组装的场所之一。根据组装方法的不同，目前氧化石墨烯的气/液界面组装可大致分为以下三类：Langmuir-Blodgett（LB）组装、二维界面溶剂蒸发自组装以及三维界面蒸发自组装。

LB 组装可以有效可控地制备氧化石墨烯超薄薄膜，甚至是单层薄膜。虽然旋涂法[16]、滴落涂布法[17]、真空抽滤法[18, 19]、浸涂法[20]、喷涂法[21]、拉涂法[22]等方法都可以制备氧化石墨烯超薄薄膜，但均难以实现薄膜中氧化石墨烯层数的精确调控。此外，旋涂法和滴落涂布法也会使氧化石墨烯片层发生严重的褶皱[23, 24]。层层自组装也是一种制备氧化石墨烯薄膜的有效方法[25]，其优点在于可以精确地控制薄膜中氧化石墨烯的层数。但此种制备方法要求被组装的两种纳米材料带有异种电荷，因此难以用来制备纯氧化石墨烯薄膜。在众多方法之中，LB 组装法是唯一一种不仅可以实现氧化石墨烯片层在基底上可控平铺，而且还可以通过反复地将氧化石墨烯沉积到基底上来精确控制所制薄膜的厚度。更重要的是，LB 组装法可以得到单层的氧化石墨烯薄膜[7, 26]。以上提及的组装法通常用于制备沉积于硬质基底上的超薄氧化石墨烯薄膜，若想将其用于制备柔性薄膜器件，还需一系列复杂的基底转移步骤。2009年 Chen 等[12]通过气/液界面自组装制得了独立支撑柔性氧化石墨烯薄膜（图 6-3）。该方法操作简便，是取代真空抽滤法制备柔性独立支撑氧化石墨烯的有效方法，制备得到的薄膜可直接负载于柔性基底之上作为柔性薄膜超级电容器电极[27]。实际上，气/液界面溶剂蒸发不仅可以诱发氧化石墨烯基薄膜材料的自组装，还可以产生其他具有三维结构的氧化石墨烯基材料。当气/液界面不是一个二维平面，而是一个扭曲的三维曲面时，氧化石墨烯片层的气/液界面组装过程也就发生在一个三维空间中，最终形成具有三维结构的氧化石墨烯基材料。氧化石墨烯能在气/液界面存在并发生组装的根本原因是其具有亲水性的含氧官能团和憎水性的 sp^2 碳原子结构，这样的双亲性结构特征使得它既能与水系溶液良好接触，又能与空气相较好融合。

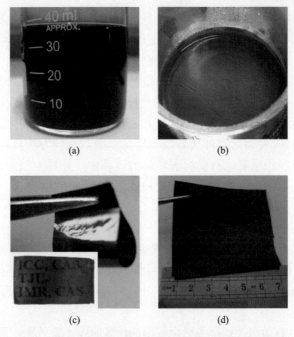

图 6-3　基于气/液界面组装的柔性氧化石墨烯薄膜[12]

　　除宏观的憎水-亲水间的液液界面外，在两相溶剂的微观尺度下也存在微观的液液界面，例如，水分子和醇类分子在宏观上是互溶的，但在微观分子尺度下是非均匀有序分布的。并且在氧化石墨烯存在的情况下，氧化石墨烯片层与不同溶剂分子的作用力不同，会使得两相溶剂的界面更为明显，并产生不同的相互作用。Luo 等发现在水-异丙醇的体系中，由于氧化石墨烯片层的双亲性特征和对两种溶剂分子的不同亲和力，水分子和异丙醇分子会存在微观上的不均匀分布。其中水分子更倾向于在氧化石墨烯片层的含氧官能团附近富集，而异丙醇分子倾向于聚集在 GO 片层碳表面的疏水区域。尤其在溶剂热的高温高压下，随着氧化石墨烯片层逐渐被还原，水-异丙醇的混合溶剂会发生微观上的相分离，使得还原后的氧化石墨烯片层包裹着水分子，而异丙醇分子聚集在外围从而形成液液界面。额外微观液液界面的生成使得石墨烯片层更容易在界面处聚集，因此在低浓度的情况下，石墨烯片层也会相互搭接从而形成石墨烯水凝胶（图 6-4）。

6.2.2　液/液界面组装

　　液/液界面同样是氧化石墨烯片层发生组装的理想场所，而界面自由能趋于最小化是氧化石墨烯发生液/液界面自组装的驱动力。这样的界面通常是由一个憎水的有机相与一个水溶液相构成[28, 29]。呼吸图（BF）法（也称水滴模板法）是一种发生在易挥发溶剂和水构筑的液/液界面上的组装技术，可用于制备具有蜂窝状微观结构的材料，在聚合物基纳米结构的制备中具有广泛的应用。利用 BF 法可将氧化石墨烯片层通过液/液界面自组装形成具有规则蜂窝状微观结构的薄膜材料[30]。一般情况下，这种方法需要将氧化石墨烯和聚合物分子先进行接枝处理，氧化石墨烯的含氧官能团保证了其与聚合物接枝的可行性。利用亲水液体和亲油液体构成的二维液/液界面，氧化石墨烯可以自发地在该界面富集形成氧化石墨烯薄膜，当这样的液/液界面通过 Pickering 乳化形成三维球状曲面时，氧化石墨烯片层则在这样的三维界面富集形成球状颗粒。这些界面自组装的根源是氧化石墨烯的双亲性。

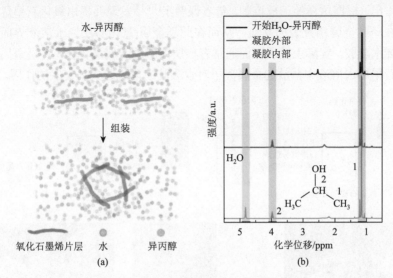

图 6-4　基于液/液界面在低浓度下组装的氧化石墨烯水凝胶[13]

6.2.3　固/液界面组装

除了以上提到的两种界面组装方式，氧化石墨烯同样可以在一些固/液界面上发生组装，形成具有特定微观结构的宏观体材料（包括氧化石墨烯水溶液和氧化石墨烯薄膜等），其中的液相通常为氧化石墨烯的水溶液。氧化石墨烯的固/液界面组装过程体现了氧化石墨烯的表面化学活性。

氧化石墨烯发生固/液界面自组装的驱动力主要是它的双亲性和表面化学活性，涉及的相互作用力通常包括共价键、氢键、静电作用力和 π-π 共轭。人们可以通过控制这些相互作用力的形式和强度来调控氧化石墨烯的自组装，从而形成氧化石墨烯水凝胶、氧化石墨烯薄膜等宏观材料。

氧化石墨烯水凝胶是一种典型的氧化石墨烯基三维宏观体材料。氧化石墨烯经还原可以得到石墨烯，因此这种固/液界面组装得到的水凝胶也可以作为制备石墨烯水凝胶的前驱体。水凝胶在经过冷冻干燥处理之后，可以在除去水分的同时保留水凝胶内部的孔道结构，从而得到相应的气凝胶。

在氧化石墨烯水溶液中，氧化石墨烯片层带负电。在电场的作用下，片层会向正极移动并富集，从而形成水凝胶。正负电荷的静电吸引力是这类固/液界面自组装的驱动力。

笔者课题组[10]发现在氧化石墨烯的水溶液中，片层可以富集在阳极氧化铝薄片表面形成凝胶（图6-5）。通过对凝胶成分进行表征，他们对凝胶的形成过程进行系统的研究并提出了凝胶的形成机制。他们认为氧化铝薄膜释放的铝离子是凝胶得以形成和稳定存在的根本，其本质是带负电荷的氧化石墨烯片层与带正电荷的铝离子的交联作用。根据这样的形成机制，笔者课题组[10, 15]发现并提出氧化石墨烯片层能自发地在一些金属箔片表面富集，从而在此类金属/氧化石墨烯水溶液界面形成氧化石墨烯水凝胶。实际上金属表面通常有一层薄薄的金属氧化物，这层金属氧化物在氧化石墨烯水溶液中释放的金属离子对水凝胶的形成起到了交联的作用。

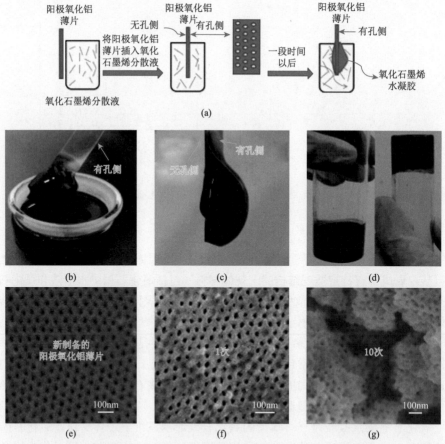

图 6-5 氧化石墨烯水凝胶的形成过程：（a）氧化石墨烯水凝胶的形成示意图；（b，c）在多孔阳极氧化铝表面形成的氧化石墨烯水凝胶的实物照片；（d）氧化石墨烯水凝胶的翻转测试；（e～g）经过不同次组装处理之后的阳极氧化铝薄膜表面的扫描电镜图[14]

6.3　氧化石墨烯薄膜的界面自组装制备

6.3.1　气/液界面成膜

　　LB 技术是一种利用气/液界面组装薄膜材料特别是单层薄膜材料的经典技术。它要求被组装的分子具有双亲性，可以在空气/水溶液界面定向排列组装成膜，所制得的薄膜在化学传感、超薄电子器件、光学器件、组织工程等领域具有广泛的应用[25, 30-33]。在 LB 组装制膜的过程中，溶有双亲性分子的易挥发有机溶剂首先被轻滴于水溶液表面，随着有机溶剂的挥发，双亲性分子便留在了空气/水溶液的界面。美国西北大学 Huang 课题组[7]首先利用 LB 组装技术制备了氧化石墨烯薄膜。首先将含有氧化石墨烯片层的水/甲醇混合溶液滴于 LB 槽的水溶液表面，随着甲醇的挥发，具有双亲性的氧化石墨烯片层平铺在水溶液表面，再通过浸涂法（dip coating）便可得到沉积于基底的氧化石墨烯薄膜（图 6-6）。此外，其研究表明溶液的 pH 值与表面张力大小对所制得的氧化石墨烯薄膜的形貌具有极大的影响[31-34]。氧化石墨烯可经还原转化为石墨烯，严格意义上讲应该称为化学修饰的石墨烯（chemically modified graphene，CMG），因此 LB 组装法也可以用于制备石墨烯薄膜透明导电电极[35, 36]。Zheng 等[27]使用大片层氧化石墨烯通过 LB 组装法制备了表面光滑的石墨烯薄膜，其表面光滑度优于其他方法（包括旋涂法、喷涂法、浸涂法）制得的石墨烯薄膜；随后他们使用 LB 组装法成功制备了

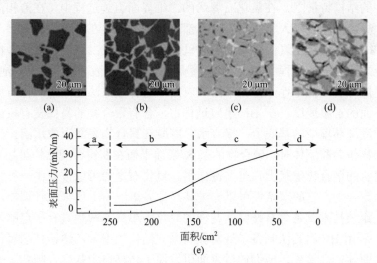

图 6-6　氧化石墨烯单片层的 LB 组装：（a～d）在等温表面压力线上的不同阶段中附在硅片基底上的氧化石墨烯的扫描电镜图，图中标尺为 20μm；（e）等温表面压力-面积曲线，曲线上四个阶段分别对应图（a～d）的扫描电镜图[7]

石墨烯/碳纳米管复合薄膜[37]，该薄膜在透光度为 84% 的时候电导率为 400S/m，其光电性能可与商业导电玻璃比拟。

　　Chen 等于 2009 年首次报道了一种基于二维气/液界面的溶剂蒸发来制备柔性自支撑的氧化石墨烯薄膜[12]。在这样一个组装过程中，氧化石墨烯水溶液和空气相当于构成了一个二维气/液界面，随着溶液中水的蒸发，氧化石墨烯片层趋向于在溶液表面聚集，即气/液界面富集，并通过层层组装形成宏观的氧化石墨烯薄膜。用基底将该薄膜转移出来并晾干，即可得到一张柔性且自支撑的氧化石墨烯薄膜。从扫描电镜图中可以看出该薄膜具有规则的层状结构。与传统的真空抽滤法相比，此方法操作简便且节约时间。通过调控温度、pH 值、浓度、干燥方式等参数[38, 39]，可以对薄膜的微观结构和性质进行有效的调控。另外，通过反复加热氧化石墨烯溶液，可重复获得氧化石墨烯薄膜，因此这是一种可以实现氧化石墨烯薄膜规模化制备的有效方法。该气/液界面自组装方法也可用于制备石墨烯基复合薄膜。氧化石墨烯的表面活性剂特性，使得第二或第三组分易在氧化石墨烯水溶液中均匀分散。在组装过程中利用氧化石墨烯的双亲性，将被引入的组分带到气/液界面组装形成氧化石墨烯基复合薄膜。总之，基于二维界面的溶剂蒸发法是一种简便、节时、易控、易规模化的氧化石墨烯基薄膜制备方法[11, 40-42]。

6.3.2　外力诱导组装

　　氧化石墨烯能够在水溶液和空气所构建的气/液界面富集成膜的本质原因是其双亲性的结构特征[43]。在氧化石墨烯的二维界面组装过程中，在液相溶液中鼓入气泡、提高温度、引入易挥发溶剂，都可以加速片层在界面的富集[12, 33, 44-46]。例如，Huang 等[9, 45]在氧化石墨烯溶液里面鼓入氮气或二氧化碳气泡，在气泡快速上升至二维界面的过程中，将氧化石墨烯片层带到溶液表面，随着气泡的破裂，氧化石墨烯片层便稳定地停留在了溶液表面，这种鼓泡法提高了氧化石墨烯片层在二维界面的富集速度。在 BF 组装过程中，含有聚合物的易挥发有机溶剂被涂覆在置于潮湿环境中的基底上，接着水分冷凝在聚合物表面形成水滴。当采用双亲性聚合物作为前驱体时，聚合物的亲水/亲油平衡在获得微观结构可控、质量可调的蜂窝状的聚合物薄膜上具有关键作用。氧化石墨烯可以被看作一种特殊的二维双亲性聚合物，它的双亲性可以通过其尺寸、溶液 pH 值来进行调控，因此，可以 BF 组装技术制备具有蜂窝状花样的氧化石墨烯基薄膜具有一定的可行性。Kim 等[46]利用 BF 组装法制备了蜂窝孔状微观结构的聚苯乙烯接枝的氧化石墨烯基薄膜（图 6-7）。首先，他们通过表面引发原子转移自由基聚合制备了聚苯乙烯接枝的氧化石墨烯片层；然后，将其分散在易挥发溶剂苯中，苯与水互不相溶，这满足了 BF 组装的前提；最后，涂覆在基底上的溶液中水和苯完全挥发之后，便形成了蜂窝状的多孔薄膜。该薄膜具有良好的柔性和可控的微观结构，其孔尺寸和数量可以通过母液和接枝聚合物的链长控制。这种方法获得的多孔薄膜是金属氧化物或者贵金属纳米颗粒的理想基底材料。

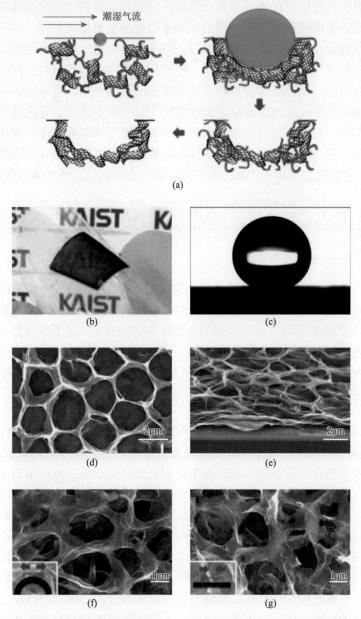

图 6-7 聚苯乙烯接枝的氧化石墨烯的 BF 组装示意图（a）和组装形成的多孔石墨烯基薄膜实物照片图（b）；（c）具有 152°接触角的超憎水多孔石墨烯基薄膜；该石墨烯基薄膜的平面扫描电镜图（d）和 60°倾斜扫描电镜图（e）；经历弯曲变形前（f）、后（g）的多孔石墨烯薄膜的扫描电镜图[46]

6.3.3　薄膜性质调控和改性

由于氧化石墨烯可以被还原为石墨烯，因此亲水性氧化石墨烯薄膜可以被还原为憎水性石墨烯薄膜，同时薄膜的电导率也会发生数量级变化，由绝缘性的薄膜变成了具有优良导电性的石墨烯薄膜。具有优良导电性的石墨烯薄膜在柔性储能器件领域具有极大的应用潜力[48-50]。在氧化石墨烯薄膜的组装过程中，可以利用氧化石墨烯的双亲性结构特点所带来的表面活性剂作用，将氧化石墨烯与其他纳米材料均相复合，从而对薄膜的力学性能[51]、光学性能[52]、分离性能[53]、电化学性能[54]等进行调控。另外，氧化石墨烯具有丰富的含氧官能团，因此可以通过与许多分子发生化学反应对其进行改性。这种改性可以发生在氧化石墨烯薄膜组装之前，也可以发生在薄膜组装过程之中，最终实现氧化石墨烯薄膜性质的调控。

6.4　氧化石墨烯凝胶的固/液界面自组装制备

6.4.1　固/液界面成胶

与发生在气/液界面和液/液界面自组装类似，氧化石墨烯在一些特定的固/液界面也展现出一定的组装能力，形成凝胶状物质，即氧化石墨烯水凝胶。氧化石墨烯的固/液界面组装主要与氧化石墨烯的表面化学活性有关，主要表现在氧化石墨烯片层与一些固体表面的相互作用，包括共价键、氢键、静电效应、π-π 作用等，通过控制这些相互作用力可以进一步调控氧化石墨烯基材料的微观结构和性质。

6.4.2　外力诱导组装

笔者课题组[10]发现氧化石墨烯能够在多孔阳极氧化铝表面发生自组装形成凝胶状物质，可以把这看作在氧化石墨烯水溶液和多孔阳极氧化铝所构建的固/液界面上发生的自组装现象，这种现象实际上是由化学相互作用所诱导的自组装过程。在自组装过程中，阳极氧化铝与氧化石墨烯片层之间的相互作用促进了氧化石墨烯片层在界面上的富集，最终形成了氧化石墨烯水凝胶。该水凝胶是由氧化石墨烯片层随机无规则地搭叠而成，含有约99%的水分。X 射线光电子能谱和能量色散谱表明有微量铝元素存在于该凝胶之中，这来源于多孔阳极氧化铝在微酸性的氧化石墨烯水溶液中所释放的铝离子。通过冷冻干燥处理，可以将该水凝胶转变为具有多孔结构的氧化石墨烯气凝胶。实验表明，得到的气凝胶对亚甲基蓝具有极好的吸附能力，可达到320 mg/g。在该固/液界面自组装过程中，阳极氧化铝表面上的羟基官能团和其所释放的铝离子被认为在氧化石墨烯水凝胶形成过程中均起到了关键性作用。一方面，固相表面的羟基与氧化石墨烯的羧基相互作用，使得氧化石墨烯片层在固相表面聚集；另一方面，固相在微酸性氧化石墨烯水溶液中释放的铝离子起着交联剂的作用，将带有负电荷的氧化石墨烯片层富集起来。同理，氧化石墨烯也可在其他一些被除去保护层的活性金属表面富集形成水凝胶。除去保护膜的金属箔膜会有一层金属氧化物，因此在其表面会存在羟基官能团，在微酸性的氧化石墨烯水溶液中也会释放相应的金属阳离子而起着交联剂的作用。实际上，在这样的固/液界面自组装过程中，氧化石墨烯水凝胶的形成与固相的表面化学性质有关。利用活性金属的表面化学特性，Cao 等[55]报道了在金属箔膜表面氧化石墨烯通过原位组装还原制备大面积自支撑的化学改性石墨烯（chemically converted graphene，CCG）薄膜（图 6-8）。研究人员提出在该界面组装过程中氧化石墨烯的还原是通过活性金属与氧化石墨烯片层之间的电子传递实现的。

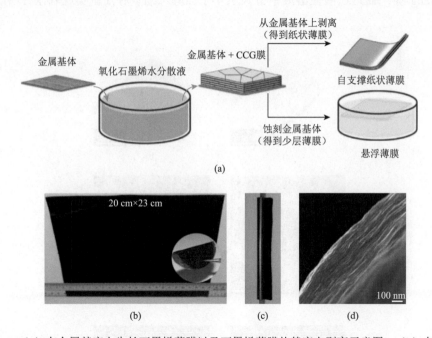

图 6-8　（a）在金属基底上生长石墨烯薄膜以及石墨烯薄膜从基底上剥离示意图；（b）在铜箔基底上组装形成的 460 cm^2 的石墨烯薄膜，插图为抽滤得到的氧化石墨烯薄膜；（c）组装获得的石墨烯薄膜具有可弯曲性并且展示出石墨的闪亮光泽；（d）石墨烯薄膜的截面扫描电镜图[55]

　　基于固/液界面，Chen 等[56]也报道了有关氧化石墨烯在活性金属表面的组装，进一步证实了固相的表面化学性质在氧化石墨烯的固/液界面组装过程中起着关键性的作用。与笔者课题组[10]所报道的氧化石墨烯凝胶的固/液界面组装不同，Chen 等[56]采用具有三维网状结构的泡沫镍作为固相，与氧化石墨烯水溶液形成固/液界面。利用活性金属镍的表面化学活性使氧化石墨烯片层在多孔泡沫镍表面富集形成凝胶，在化学还原之后得到了石墨烯凝胶/泡沫镍复合电极材料（图6-9）。基于该石墨烯凝胶/泡沫镍复合电极材料的超级电容器显示了较高的面积比电容、循环稳定性和良好的倍率性能，这主要是由于石墨烯的高导电性和电化学稳定性，以及复合电极的三维穿插式的微观结构。另外，由于氧化石墨烯带有负电荷，将恒电位仪的正负两极插入氧化石墨烯水溶液中，通上电源一段时间之后，可以发现正极上有氧化石墨烯凝胶出现，实际上这是氧化石墨烯片层的电泳现象。

6.4.3 凝胶的结构与性能调控

已经有大批科研工作者对氧化石墨烯基水凝胶的制备和性质进行了研究。例如 Deng 等[57]通过在酸性溶液中引入 1,4-丁二醇二缩水甘油醚实现氧化石墨烯的

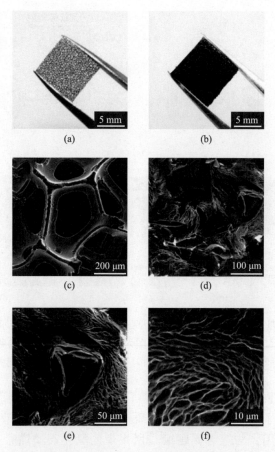

图 6-9 泡沫镍（a）和石墨烯凝胶/泡沫镍电极（b）的实物照片图；（c）泡沫镍的扫描电镜图；（d，e）石墨烯凝胶/泡沫镍电极冻干之后在不同放大倍数下的扫描电镜图；（f）石墨烯凝胶/泡沫镍电极上的石墨烯凝胶的高倍扫描电镜图[56]

快速成胶。Xu 等[58]发现氧化石墨烯在单链 DNA 的交联作用下可以形成高强度的多功能复合水凝胶。研究结果表明，该水凝胶对番红精染料的吸附能力高达 960 mg/g。Huang 等[59]发现生物大分子血红蛋白能使氧化石墨烯凝胶化，且该复合水凝胶在过氧化反应中显示出优良的催化活性。一些导电聚合物的单体的原位聚合反应也能使氧化石墨烯发生凝胶化，从而形成氧化石墨烯/导电聚合物复合水凝胶。Bai 等[60]通过吡咯和苯胺的原位聚合分别合成了氧化石墨烯/聚吡咯、氧化石墨烯/聚苯胺复合水凝胶。在没有对氧化石墨烯进行任何化学修饰的条件下，Sahu 等[61]将氧化石墨烯片层在低浓度的 Pluronic 溶液中进行物理交联，组装出了对外界刺激（如温度、近红外光、pH 值）敏感的水凝胶。Liu 等[62]通过丙烯酰胺在氧化石墨烯水溶液中进行的自由基聚合反应，得到了氧化石墨烯/聚丙烯酰胺复合水凝胶。该复合水凝胶具有优异的机械性能，其拉伸强度比单纯的聚丙烯酰胺水凝胶高 4.5 倍，并且复合水凝胶的断裂拉伸率比聚丙烯酰胺水凝胶高一个数量级。

6.5 小结

氧化石墨烯上双亲性、丰富的表面官能团和易调的表面负电荷及其二维柔性的结构特点，使得其可以通过各种界面（气/液界面、液/液界面、固/液界面）自组装技术获得薄膜、水凝胶、气凝胶、纸团状颗粒、中空球、核壳结构的碳基宏观组装体。从以上介绍可知，氧化石墨烯自组装的界面多样化，使得所获得的碳基材料组装体具有结构多样性，因此，可以根据应用需求有的放矢地选择自组装方法并调控实验参数。例如，对于氧化石墨烯薄膜而言，LB 组装技术是一种获得超薄薄膜的有效方法。这种方法所获得的薄膜常被负载于基底之上，这种方法获得的薄膜在透明导电电极上具有较大的应用前景。蒸发驱动的界面组装是一种制备柔性独立支撑薄膜的简易快捷的方法。制备得到的薄膜在导热、柔性电子器件等方面有一定的应用潜力。基于三维界面组装的氧化石墨烯基核壳结构宏观体，在药物释放等领域可能会有一定应用前景。总之，深入研究氧化石墨烯的界面组装，利用现有的成熟组装技术，以材料的功能性和应用为导向，是有效构建新型碳基功能材料的思路之一。

参 考 文 献

[1]　Brodie B C. On the atomic weight of graphite. Philosophical Transactions of the Royal Society of London，1859，149：249-259.

[2]　Lerf A，He H，Forster M，et al. Structure of graphite oxide revisited. Journal of Physical Chemistry B，1998，102（23）：4477-4482.

[3]　Mkhoyan K A，Contryman A W，Silcox J，et al. Atomic and electronic structure of graphene-oxide. Nano Letters，2009，9（3）：1058-1063.

[4]　Dreyer D R，Park S，Bielawski C W，et al. The chemistry of graphene oxide. Chemical Society Reviews，2010，39（1）：228-240.

[5]　Kim J，Cote L J，Huang J. Two dimensional soft material：new faces of graphene oxide. Accounts of Chemical Research，2012，45（8）：1356-1364.

[6]　Kim J E，Han T H，Lee S H，et al. Graphene oxide liquid crystals. Angewandte Chemie International Edition，2011，50（13）：3043-3047.

[7]　Cote L J，Kim F，Huang J. Langmuir-Blodgett assembly of graphite oxide single layers. Journal of the American Chemical Society，2009，131（3）：1043-1049.

[8]　Kim J，Cote L J，Kim F，et al. Graphene oxide sheets at interfaces. Journal of the American Chemical Society，2010，132（23）：8180-8186.

[9]　Kim F，Cote L J，Huang J. Graphene oxide：surface activity and two-dimensional assembly. Advanced Materials，2010，22（17）：1954-1958.

[10]　Shao J J，Wu S D，Zhang S B，et al. Graphene oxide hydrogel at solid/liquid interface. Chemical Communications，2011，47（20）：5771-5773.

[11]　Shao J J，Lv W，Guo Q，et al. Hybridization of graphene oxide and carbon nanotubes at the liquid/air interface. Chemical Communications，2012，48（31）：3706-3708.

[12]　Chen C M，Yang Q H，Yang Y G，et al. Self-assembled free-standing graphite oxide membrane. Advanced Materials，2009，21（29）：3007-3011.

[13]　Luo C，Lv W，Qi C，et al. Realizing ultralow concentration gelation of graphene oxide with artificial interfaces. Advanced Materials，2019，31（8）：1805075.

[14]　Lee S H，Kim H W，Hwang J O，et al. Three-dimensional self-assembly of graphene oxide platelets into mechanically flexible macroporous carbon films. Angewandte Chemie International Edition，2010，49（52）：10084-10088.

[15]　Shao J J，Lv W，Yang Q H. Self-assembly of graphene oxide at interfaces. Advanced Materials，2014，26（32）：5586-5612.

[16]　Kim H W，Yoon H W，Yoon S M，et al. Selective gas transport through few-layered graphene and graphene oxide membranes. Science，2013，342（6154）：91-95.

[17]　Sun P，Zhu M，Wang K，et al. Selective ion penetration of graphene oxide membranes. ACS Nano，2013，7（1）：428-437.

[18]　Eda G G，Fanchini，Chhowalla M. Large-area ultrathin films of reduced graphene oxide as a transparent and flexible electronic material. Nature Nanotechnology，2008，3（5）：270-274.

[19]　Ibrahim A F M，Banihashemi F，Lin Y S. Graphene oxide membranes with narrow inter-sheet galleries for enhanced hydrogen separation. Chemical Communications，2019，55（21）：3077-3080.

[20]　Wang X，Zhi L J，Mullen K. Transparent，conductive graphene electrodes for dye-sensitized solar cells. Nano Letters，2008，8（1）：323-327.

[21]　Pham V H，Cuong T V，Hur S H，et al. Fast and simple fabrication of a large transparent chemically-converted graphene film by spray-coating. Carbon，2010，48（7）：1945-1951.

[22]　Cruz-Silva R，Morelos-Gomez A，Kim H I，et al. Super-stretchable graphene oxide macroscopic fibers with outstanding knotability fabricated by dry film scrolling. ACS Nano，2014，8（6）：5959-5967.

[23]　Becerril H A，Mao J，Liu Z，et al. Evaluation of solution-processed reduced graphene oxide films as transparent conductors. ACS Nano，2008，2（3）：463-470.

第 6 章 氧化石墨烯的界面化学与组装 107

[24] Kim J, Kim F, Huang J. Seeing graphene-based sheets. Materials Today, 2010, 13 (3): 28-38.

[25] Wang D, Yang J, Li X, et al. Layer by layer assembly of sandwiched graphene/SnO₂ nanorod/carbon nanostructures with ultrahigh lithium ion storage properties. Energy & Environmental Science, 2013, 6 (10): 2900-2906.

[26] Zheng Q, Ip W H, Lin X, et al. Transparent conductive films consisting of ultralarge graphene sheets produced by Langmuir-Blodgett assembly. ACS Nano, 2011, 5 (7): 6039-6051.

[27] Chen X, Xiang T, Li Z, et al. A Planar graphene-based film supercapacitor formed by liquid-air interfacial assembly. Advanced Materials Interfaces, 2017, 4 (9): 1601127.

[28] Binder W H. Supramolecular assembly of nanoparticles at liquid-liquid interfaces. Angewandte Chemie International Edition, 2005, 44 (33): 5172-5175.

[29] Bowden N, Terfort A, Carbeck J, et al. Self-assembly of mesoscale objects into ordered two-dimensional arrays. Science, 1997, 276 (5310): 233-235.

[30] Tang H, Tu J P, Liu X Y, et al. Self-assembly of Si/honeycomb reduced graphene oxide composite film as a binder-free and flexible anode for Li-ion batteries. Journal of Materials Chemistry A, 2014, 2 (16): 5834-5840.

[31] Wang X, Bai H, Shi G. Size fractionation of graphene oxide sheets by pH-assisted selective sedimentation. Journal of the American Chemical Society, 2011, 133 (16): 6338-6342.

[32] Kulkarni D D, Choi I, Singamaneni S S, et al. Graphene oxide-polyelectrolyte nanomembranes. ACS Nano, 2010, 4 (8): 4667-4676.

[33] Kulkarni D D, Choi I, Singamaneni S S, et al. The use of surface tension to predict the formation of 2D arrays of latex spheres formed via the Langmuir-Blodgett-like technique. Langmuir, 2004. 20 (25): 10998.

[34] Joshi R, Carbone P, Wang F C, et al. Precise and ultrafast molecular sieving through graphene oxide membranes. Science, 2014, 343 (6172): 752-754.

[35] Gong H, Bredenkötter B, Meier C, et al. Self-assembly of amphiphilic hexapyridinium cations at the air/water interface and on HOPG surfaces. ChemPhysChem, 2010, 8 (16): 2354-2362.

[36] Li X, Zhang G, Bai X, et al. Highly conducting graphene sheets and Langmuir-Blodgett films. Nature Nanotechnology, 2008, 3 (9): 538-542.

[37] Levendorf M P, Ruiz-Vargas C S, Garg S, et al. Transfer-free batch fabrication of single layer graphene transistors. Nano Letters, 2009, 9 (12): 4479-4483.

[38] Zheng Q, Zhang B, Lin X, et al. Highly transparent and conducting ultralarge graphene oxide/single-walled carbon nanotube hybrid films produced by Langmuir-Blodgett assembly. Journal of Materials Chemistry, 2012, 22 (48): 25072-25082.

[39] Wei L, You C H, Wu S, et al. pH-Mediated fine-tuning of optical properties of graphene oxide membranes. Carbon, 2012, 50 (9): 3233-3239.

[40] Lv W, Li Z, Zhou G, et al. Tailoring microstructure of graphene-based membrane by controlled removal of trapped water inspired by the phase diagram. Advanced Functional Materials, 2014, 24 (22): 3456-3463.

[41] Choi B G, Park H, Park T J, et al. Solution chemistry of self-assembled graphene nanohybrids for high-performance flexible biosensors. ACS Nano, 2010, 4 (5): 2910-2918.

[42] 杨全红, 吕伟, 杨永岗, 等. 自由态二维碳原子晶体——单层石墨烯. 新型炭材料, 2008, 23 (2): 97-103.

[43] Wu S D, Lv W, Xu J, et al. A graphene/poly (vinyl alcohol) hybrid membrane self-assembled at the liquid/air interface: enhanced mechanical performance and promising saturable absorber. Journal of Materials Chemistry, 2012, 22 (33): 17204-17209.

[44] Krueger M, Berg S, Stone D A, et al. Drop-casted self-assembling graphene oxide membranes for scanning

electron microscopy on wet and dense gaseous samples. ACS Nano，2011，5（12）：10047-10054.

[45]   Wei L，Chen F，Wang H，et al. Acetone-induced graphene oxide film formation at the water-air interface. Chemistry-An Asian Journal，2013，8（2）：437-443.

[46]   Kim J，Cote L J，Kim F，et al. Graphene oxide sheets at interfaces. Journal of the American Chemical Society，2010，132（23）：8180-8186.

[47]   Dreyer D R，Ruoff R S，Bielawski C W. From conception to realization：an historial account of graphene and some perspectives for its future. Angewandte Chemie International Edition，2010，49（49）：9336-9344.

[48]   Ji J，Li Y，Peng W，et al. Advanced graphene-based binder-free electrodes for high-performance energy storage. Advanced Materials，2015，27（36）：5264-5279.

[49]   Mao M，Hu J，Liu H. Graphene-based materials for flexible electrochemical energy storage. International Journal of Energy Research，2015，39（6）：727-740.

[50]   Chen L，Zhou G，Liu Z，et al. Scalable clean exfoliation of high-quality few-layer black phosphorus for a flexible lithium ion battery. Advanced Materials，2016，28（3）：510-517.

[51]   Wang J G，Jin D，Zhou R，et al. Highly flexible graphene/Mn_3O_4 nanocomposite membrane as advanced anodes for Li-ion batteries. ACS Nano，2016，10（6）：6227-6234.

[52]   Li Y，Zhao X，Zhang P，et al. A facile fabrication of large-scale reduced graphene oxide-silver nanoparticle hybrid film as a highly active surface-enhanced Raman scattering substrate. Journal of Materials Chemistry C，2015，3（16）：4126-4133.

[53]   Chen L，Shi G，Shen J，et al. Ion sieving in graphene oxide membranes via cationic control of interlayer spacing. Nature，2017，550（7676）：415-418.

[54]   Zhang Y，Malyi O I，Tang Y，et al. Reducing the charge carrier transport barrier in functionally layer-graded electrodes. Angewandte Chemie，2017，56（47）：14847.

[55]   Cao X，Qi D，Yin S，et al. Ambient fabrication of large-area graphene films via a synchronous reduction and assembly strategy. Advanced Materials，2013，25（21）：2957-2962.

[56]   Chen J，Sheng K，Luo P，et al. Graphene hydrogels deposited in nickel foams for high-rate electrochemical capacitors. Advanced Materials，2012，24（33）：4569-4573.

[57]   Deng Y，Luo C，Zhang J，et al. Fast three-dimensional assembly of MoS_2 inspired by the gelation of graphene oxide. Science China Materials，2019，62（5）：745-750.

[58]   Xu Y，Wu Q，Sun Y，et al. Three-dimensional self-assembly of graphene oxide and DNA into multifunctional hydrogels. ACS Nano，2010，4（12）：7358-7362.

[59]   Huang C，Bai H，Li C，et al. A graphene oxide/hemoglobin composite hydrogel for enzymatic catalysis in organic solvents. Chemical Communications，2011，47（17）：4962-4964.

[60]   Hua B，Sheng K，Zhang P，et al. Graphene oxide/conducting polymer composite hydrogels. Journal of Materials Chemistry，2011，21（46）：18653-18658.

[61]   Sahu A，Choi W I，Tae G. A stimuli-sensitive injectable graphene oxide composite hydrogel. Chemical Communications，2012，48（47）：5820-5822.

[62]   Liu R，Liang S，Tang X Z，et al. Tough and highly stretchable graphene oxide/polyacrylamide nanocomposite hydrogels. Journal of Materials Chemistry，2012，22（28）：14160-14167.

第7章

碳基材料构建新方法——功能化
石墨烯的液相组装

7.1 液相组装方法

以石墨烯为基元材料组装特定结构的碳基材料，期待将石墨烯在纳米尺度的优异性能反映到宏观材料上，最终实现碳质功能材料的结构设计和宏量可控备，是人们对石墨烯研发的主要方向之一。

从石墨烯的衍生物——氧化石墨烯——出发，通过剥离和还原间接获得石墨烯，主要包括化学还原、热还原以及水热还原等途径。目前已经报道了多种用于还原氧化石墨烯的化学试剂，包括水合肼[1-4]、硼氢化钠[4,5]、强碱溶液（NaOH/KOH 溶液）[6]、二甲肼、氢碘酸[7-8]、维生素 C[9-10]、铝粉[11]、尿素[12]、硫化氢等。然而，伴随着还原过程中含氧官能团的脱除，氧化石墨烯逐渐失去了在水中的分散能力而聚沉。经化学还原得到的石墨烯最终需要在聚合物或表面活性剂的辅助下才能稳定分散，所以大部分化学还原方法很难得到纯石墨烯的分散液。

作为石墨烯的重要衍生物，氧化石墨烯既是实现石墨烯宏量制备的重要原料，也是组装石墨烯基宏观材料的良好平台。氧化石墨烯具有丰富的含氧官能团，非常容易分散在水和极性有机溶剂中，为实现片层的组装提供了巨大的便利；同时丰富的含氧官能团使氧化石墨烯易于通过共价或非共价途径功能化，为实现高性能石墨烯复合材料的可控组装创造了条件。

和多数纳米材料一样，通过一定的结构设计和组装过程将石墨烯在纳米尺度的优异性能反映到具有特殊功能的宏观材料上，是拓展和加快石墨烯实际应用的重要途径。同时作为 sp^2 杂化碳质材料的基本结构单元，二维石墨烯片层在构筑和设计具有特定结构和功能的碳质材料方面被赋予众望。人们希望最终通过对这种二维片层的操纵实现碳质材料的功能导向设计和可控备。目前已经发展了多种构造石墨烯基宏观材料的方法，实现了不同维度石墨烯基宏观材料的组装，包括薄膜、纤维、三维体相材料等众多形态各异的宏观材料。薄膜是材料的一种重要利用形式，石墨烯基二维宏观纳米有序结构薄膜研究取得很好的进展，发展了很多成膜方法，如真空过滤成膜[13-16]、气液界面自组装成膜[17-21]、化学气相沉积[22]、涂覆法[23]、Langmuir-Blodgett（LB）膜法[24]等方法，也开发了诸多有前景的应用领域[25]。笔者课题组开创了气液界面自组装成膜方法，用该方法制备的无支撑氧化石墨烯薄膜厚度和尺寸易于调节，具有良好的机械性能和光学特性[17]。进一步的研究表明，气液界面是实现石墨烯二维组装的理想场所，气液界面自组装法在可控备二元或多元组分均匀杂化膜方面具有独特的优势[18-20]。除此之外，石墨烯基纤维及三维体相材料也受到越来越多的关注，实际上它们和石墨烯基薄膜没有实质的差别和明显的界限。通过选择基底或调节制备参数均可以实现这几种宏观形态的转换，最终根据应用领域选择相应参数即可获得相应宏观形态。

由于石墨烯水溶性差、化学活性弱，除了采用真空抽滤法等为数不多的几种方法制备石墨烯膜材料以外，直接从石墨烯发展起来的组装方法比较有限。具有丰富含氧官能团和良好液相可操作性的功能化石墨烯以及石墨烯的重要衍生物氧化石墨烯都是实现石墨烯结构组装比较理想的源头材料。但由于获得功能化石墨烯的方法一般比较烦琐，而氧化石墨的制备相对简单并且易于低成本宏量生产，因此氧化石墨烯成为实现石墨烯可控组装最广泛、最合适的材料。大致上组装方法包括模板法和自组装法，其中自组装法是一种简单有效的制备新型纳米材料的方法。在自组装的过程中，基本结构单元在系统能量的驱动下能够组装形成功能性的结构。对自组装过程，最重要的驱动力是基本结构单元之间的相互作用，通过外界施加作用力来调控基本单元之间的作用力，进而实现基本单元的可控组装。基于不同的作用力，自组装法又包括水热自组装、基于液晶性质的结构组装、固液界面自组装、一步法自组装等多种方法。下面分类介绍一些基于石墨烯这样的二维片状材料的组装方法，重点放在介绍石墨烯基三维多孔材料组装方面的研究进展上。为较为全面地介绍这方面工作的进展，利用模板直接通过 CVD 法生长具有特定结构的三维石墨烯的工作也在本节进行介绍。

7.1.1 水热自组装

水热法是指以水为溶剂，通过加热在密闭的压力容器中营造高温高压环境以促进反应或组装过程的进行，是制备功能材料的常用方法。这种方法适合于均匀的液相体系，为从具有良好水溶性的氧化石墨烯出发实现石墨烯的组装提供了理想的条件，目前运用该方法已经在多种体系下成功实现石墨烯的三维组装[26-36]，图 7-1 给出了水热自组装法制备石墨烯基三维组装体的几个典型例子[26-32]。王训课题组在贵金属和葡萄糖的存在下将氧化石墨烯在水热条件下首次组装成三维多孔宏观体，该材料具有优异的机械性能，对 Heck 反应显示出较高的催化活性和选择性，有望成为固定床或流动床的理想催化剂[26]。石高全课题组从氧化石墨烯溶液出发采用水热法制备出具有三维网络结构的石墨烯基水凝胶，其作为超级电容器电极材料表现出优异的性能[30]；马延文等引入二价金属离子（Ca^{2+}、Ni^{2+}、Co^{2+}），增强了石墨烯片层间的化学交联作用，在低温水热条件（120℃）下将氧化石墨烯自组装成凝胶状三维结构，经过 PVA 溶液浸泡和冷冻干燥获得 PVA 增强的三维石墨烯多孔块体材料[33]。曲良体课题组将低浓度（0.35～0.4 mg/mL）的氧化石墨烯溶液和 5%（体积分数）的吡咯混合液进行水热反应，并经过冷冻干燥和高温热处理获得一种超轻氮掺杂的三维石墨烯网络[29]。该材料阻燃，比表面积和电导率分别为 280 m^2/g、$(1.2\pm0.2)\times10^3$ S/m，具有极低的密度 [(2.1 ± 0.3) mg/cm^3]，可以支撑在蒲公英上，对油和有机溶剂等污染物的吸附容量达到自重的 200～600 倍。并且由于三维开放的孔结构和氮掺杂（N/C 原子比约为 4.2%）的协同作用，其作为电容器材料时比容量高达 484 F/g（三电极体系，1 mol/L $LiClO_4$ 水溶液为电解液，电流密度为 1 A/g），作为非金属催化剂对氧还原反应（ORR）表现出高效的催化活性，是发展先进器件如传感器、电池等的重要平台。类似地，他们采用 2 mg/mL 的氧化石墨烯溶液和 5%（体积分数）的吡咯单体共同水热制备了石墨烯和吡咯复合凝胶，经过电化学聚合后获得石墨烯和聚吡咯复合凝胶并将其作为可变形电极构造了耐压缩的超级电容器[37]。Chen 等提出一种借助一步水热法实现不同功能纳米材料和氧化石墨烯片层共组装制备三维多孔石墨烯杂化体系的通用方法[32]。该方法利用氧化石墨烯的两亲性，将其作为表面活性剂在水中分散其他纳米材料，再将混合液水热自组装形成凝胶，冷冻干燥后即获得功能化多孔石墨烯复合材料。为了验证方法的可行性和有效性，他们将水溶性、大小、形状、组分、制备方法不同的七种典型纳米材料和氧化石墨烯一起制备多孔石墨烯杂化材料，包括碳纳米管、InN 纳米线、Zn_2SnO_4 纳米线、MnO_2 纳米线、Au 纳米颗粒、TiO_2 纳米颗粒、聚苯胺纳米纤维。其中将 TiO_2 和聚苯胺复合材料用于光电化学和超级电容器材料表现出优异的性能，可见水热共组装法是设计制备高性能石墨烯杂化材料的一种有前景的简单方法。总之，水热自组装可以同步实现氧化石墨烯片层的组装和部分还原，不仅通过片层组装减少了石墨烯的团聚和堆叠，而且水热还原在一定程度上恢复了材料导电性并保留了部分官能团，为石墨烯基材料在储能、催化等领域的应用提供了便利。并且采用这种方法很容易将其他功能组分复合进石墨烯多孔网络，通过不同组分的多功能融合和协同效应进一步提高材料在储能、环境修复、催化、传感等领域的性能。

7.1.2 模板法

模板法是利用模板控制材料形貌和内部结构的一种材料制备方法。目前，在石墨烯的三维组装方面已经发展了多种模板制备技术，主要包括 CVD 法[38-42]、冰模板法[43-45]、水滴模板法[46-48]、高分子聚合物模板法[49,50]等。

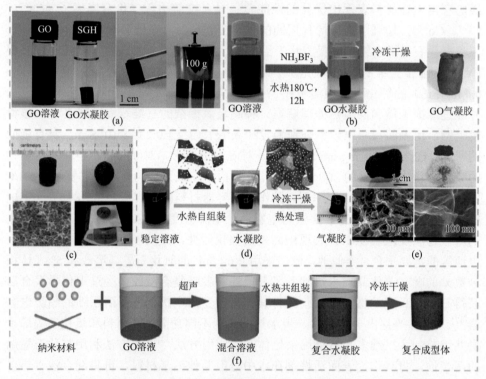

图 7-1　水热自组装法制备石墨烯基三维组装体的几个典型例子[26-32]

(a)GO 水溶液的液相自组装；(b)N,P 共掺杂 GO 液相组装；(c)贵金属诱导单层 GO 宏观组装；(d)负载 Fe₃O₄ 纳米颗粒的 N 掺杂石墨烯气凝胶；(e)超轻氮掺杂三维石墨烯框架；(f)功能纳米材料与三维石墨烯的复合体系

　　成会明课题组采用具有三维多孔结构的泡沫镍作为生长基底和模板，利用 CVD 法制备了具有三维网络骨架结构的无支撑石墨烯泡沫（GF）[38]，如图 7-2 所示。其中，PMMA 的引入是自支撑石墨烯泡沫制备的关键步骤。该材料由相互连接的石墨烯网络构成，具有快速的电子传输通道和良好的导电性，而且质轻，具有高孔隙率和大比表面积（当甲烷体积分数为 0.7%时，其密度、孔隙率和比表面积分别约为 5 mg/cm³、99.7%和 850 m²/g）等特点。他们试图用 GF 在不导电基底中构筑导电网络以提高这些材料的导电特性，所以将 GF 浸泡在聚二甲基硅氧烷（PDMS）中，然后经过干燥和固化等过程得到 GF/PDMS 复合材料。该复合材料具有非常好的柔性，并且和纯 GF 相比，其导电性几乎没衰减。进一步的研究表明，GF/PDMS 复合泡沫是一种良好的质轻柔性电磁干扰屏蔽材料，其比电磁屏蔽效率达到 500 dB·cm³/g，远高于金属和碳质复合材料[39]。在此基础上，他们制备了聚四氟乙烯（Teflon）包覆的石墨烯泡沫，动态接触角测试表明，该材料的前

进接触角为 163°，后退接触角为 143°，是一种超疏水材料，在反黏着、自清洁、抗腐蚀、低摩擦涂层方面显示出巨大的应用前景[40]。

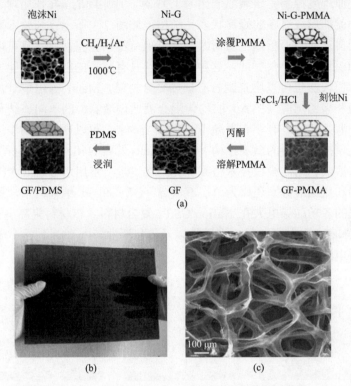

图 7-2 （a）石墨烯泡沫（GF）及 GF/PDMS 复合材料的制备过程示意图；（b）自支撑的石墨烯泡沫照片；（c）石墨烯泡沫的 SEM 图[38]

  Liu 等将 $NiCl_2 \cdot 6H_2O$ 晶体还原得到具有良好催化活性的多孔镍模板，在常压下利用快速 CVD 法制备的高密度（22 mg/cm^3）三维石墨烯宏观体，能够快速去除重金属离子，具有很高的吸附容量[42]。总之，石墨烯泡沫及其复合物在高性能导电聚合物复合材料、高弹柔性导体、超级电容器和锂离子电池电极材料、热管理技术、催化、吸附、生物医学载体等方面具有巨大的应用潜力。

  冰模板法通过控制溶剂的结晶情况来实现纳米材料的有序组装，当溶剂结冰时，自发的相分离将纳米粒子富集在冰晶间[51]。如果纳米粒子的浓度足够高，这些粒子就能形成连续的三维网络，冰晶升华后便形成三维大孔蜂窝状结构[43]。李丹等将氧化石墨烯溶液（0.5～7.0 mg/mL）和维生素 C 按质量比 1∶2 混合，先置于沸水浴中 0.5 h 得到部分还原的氧化石墨烯溶液，再于冰浴中冷冻 0.5 h 后在室温下解冻，然后将其放在沸水浴中 8 h 进一步还原氧化石墨烯，最后将得到的凝胶依次经过渗析、冷冻干燥以及 200℃下空气中热处理 2 h 得到高弹性蜂窝状多孔石墨烯块体[44]。冰模板法获得的多孔结构是由复杂的液-固和固-固的动态接触决定的，他们发现氧化石墨烯的官能团含量对上述作用具有重要的影响，当将氧化石墨烯的还原程度控制在碳氧原子比为 1.93 时，片层间的 π-π 作用增强，通过控制冷冻条件就能形成有序的蜂窝状多孔结构，如图 7-3 所示。和软木塞一样，该材料在承受自重的 5 万倍以上负荷时依然能保持结构完整性，并且可以快速恢复到原来的 80%以上。不仅如此，这种弹性材料具有超高的能量吸收能力和良好的导电性。冰模板法也可以用来制备石墨烯复合材料，Mann 等用聚苯乙烯分散的石墨烯溶液和聚乙烯醇（PVA）的均匀混合液通过液氮中的单向冻结和冷冻干燥过程制备了海绵状三维有序石墨烯/聚合物复合材料，可以通过控制浸渍速度和冷冻温度梯度调控该材料的微观结构[45]。Giannelis 等将 Nafion、氧化石墨烯以及氯铂酸混合水溶液利用冰模板技术得到多孔网络，进一步用水合肼或者柠檬酸钠将氧化石墨烯和氯铂酸分别还原为单层石墨烯（GS）和 Pt 纳米粒子，最终得到膜和块体形式的多功能导电大孔 Nafion/GS/Pt 复合材料。该材料集高电子（rGO）和高离子（Nafion）传导特性、多孔性以及催化活性（Pt 纳米粒子）于一体，是应用于燃料电池和生物传感器的理想材料[43]。

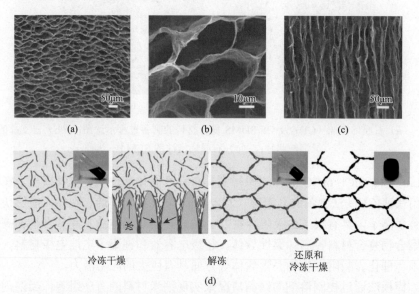

图 7-3 类软木塞石墨烯弹性体的形貌和形成机制：（a～c）典型的 SEM 图；（d）冰模板法制备石墨烯块体的形成机制示意图[44]

除上述两种模板法以外，水滴、多种高分子聚合物等也可以作为模板构造具有特殊结构和形貌的石墨烯宏观材料。水滴模板法又称呼吸图法（breath-figure method），是一种简单有效的大面积制备有序多孔结构的方法。它主要利用与水不互溶的低沸点有机溶剂的快速挥发性使潮湿气流中的水蒸气在溶液表面凝结，微小的球状液滴在表面张力和表面对流作用下有序排列而分散在溶液中，当溶剂和水完全挥发后，便形成具有蜂窝状有序排列的多孔结构。基于这种方法制备的柔性有序大孔氧化石墨烯膜[46]、自支撑的蜂窝状石墨烯膜[47, 48]以及它们的功能化材料在储能、生物支架、催化剂载体、传感器、水处理等方面有巨大的应用前景。Huh 等以聚苯乙烯胶体粒子为模板，采用抽滤法构造了由相互连接的化学改性石墨烯构成的三维大孔石墨烯膜，该三维多孔网络的大比表面积（194 m²/g）和高导电性（1204 S/m）等特点赋予其良好的离子和电子传输特性[49]。Chen 等以聚甲基丙烯酸甲酯（PMMA）球为硬模板，通过真空过滤和热处理得到的三维大孔石墨烯膜，作为无黏结剂的超级电容器电极表现出良好的倍率性能[50]。

7.1.3 化学自组装

这里将通过添加一些功能性组分如 DNA、金属离子、有机物等以增强氧化石墨烯片层间的作用，进而促使氧化石墨烯溶液在普通加热条件（70～95℃）下甚至不需加热能够自组装形成三维凝胶类材料的一类过程归为化学自组装。石高全课题组将氧化石墨烯和 DNA 一起组装成多功能水凝胶，其中单链 DNA[51]通过强大的非共价作用桥接石墨烯片层从而促进了三维多孔网络的形成，该凝胶具有良好的机械强度和环境稳定性以及较好的染料吸附能力，并且具有自愈功能[52]。另外，他们还利用 PVA 作为交联剂制备了氧化石墨烯/PVA 复合凝胶，该凝胶具有良好的生物适应性和 pH 敏感性，能够用于 pH 调控的选择性药物缓释剂[53]。笔者课题组在 KMnO₄ 辅助下将化学还原的石墨烯在温和条件下一步自组装制备了具有多孔核-层状壳复合结构的三维石墨烯宏观体，以它作为锂离子电池负极材料时库仑效率明显高于粉体石墨烯[54]。在组装过程中，具有强氧化性的 KMnO₄ 会和碳原子反应产生一些缺陷，这些缺陷可能作为活性位点增加了石墨烯片层相互连接的机会，进而促使片层形成了三维多孔网络。Yan 等利用不同的还原剂包括 NaHSO₃、Na₂S、HI、维生素 C、对苯二酚在没有扰动的条件下通过氧化石墨烯的化学还原原位自组装得到多种石墨烯三维水凝胶和气凝胶，并详细研究了它们的机械性能、热稳定性、导电性和比容量等特性[55]。俞书宏课题组将 FeSO₄ 和氧化石墨烯的混合液一步组装得到三维多功能复合凝胶，在这个过程中 Fe²⁺ 将氧化石墨烯还原并附着在片层上，还原后的片层因为憎水性以及 π-π 作用相互连接成三维网络结构，片层上的纳米粒子起到防止石墨烯片层聚集和稳定多孔结构的重要作用[56]。通过调节初始氧化石墨烯溶液的 pH 值，可以得到石墨烯/α-FeOOH 和有磁性的石墨烯/Fe₃O₄ 复合凝胶，超疏水多孔石墨烯/α-FeOOH 气凝胶对水中重金属离子、油和非极性有机溶剂表现出优异的吸附性能。另外，其他的金属离子如 Mn²⁺、Ce³⁺等也可以用来制备石墨烯/金属氧化物复合凝胶，说明这是制备石墨烯/金属氧化物复合凝胶的普适方法。邱介山课题组采用功能化-冷冻干燥-微波还原的设计思路获得高度可压缩的超轻石墨烯气凝胶，他们在氧化石墨烯溶液（3 mg/mL）中加入乙二胺（EDA），然后将两者混合均匀后密封并在 95℃加热 6 h 得到功能化的石墨烯水凝胶，经冷冻干燥后在惰性气氛下微波辐射 1 min 获得高弹性的超轻石墨烯气凝胶（3～5 mg/cm^3）。EDA 是一种碱性弱还原性试剂，能够连接在氧化石墨烯片层上，促进片层上环氧基的亲核开环反应，同时可能会产生位阻效应从而减少石墨烯片层间的堆叠，而微波辐射有效地恢复了 sp^2 共轭体系和交联点的 π-π 作用，从而产生了具有高弹性的独特结构[57]。Ajayan 等报道了一种由二维氧化石墨烯化学交联而成的有序多孔三维氧化石墨烯骨架[58]，由于该过程和普通聚合物单体聚合类似，将这种交联的氧化石墨烯材料形象地称为聚-氧化石墨烯（poly-GO）。如图 7-4 所示，一分子醛和一分子醇可以发生加成反应生成半缩醛，类似地氧化石墨烯上的羟基和戊二醛（GAD）的醛基间可发生作用生成半缩醛结构，起到在相邻氧化石墨烯片层间连接的作用，如此室温下陈化便形成凝胶化样品，将其冷冻干燥得到相互连接的多孔结构。在添加 GAD 的同时添加间苯二酚可以进一步提高这种结构的稳定性，另外在保持三维宏观形貌和微观结构的同时通过还原 poly-GO 可得到三维导电的石墨烯骨架。这类三维多孔材料表现出良好的 CO$_2$ 吸附能力，经过几个吸脱附循环，该三维网络结构依然较为稳定。孔结构和表面化学性质易调以及无害、低成本等特点使该材料作为吸附剂优于金属骨架化合物和分子筛等材料。

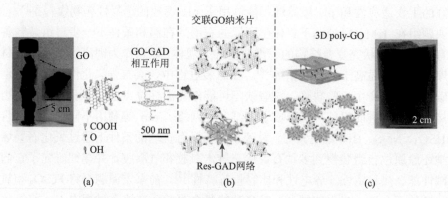

图 7-4 由氧化石墨烯粉体制备 poly-GO 的示意图[58]

7.1.4 基于液晶性质的结构组装

氧化石墨烯能够形成液晶（liquid crystal），表现出定向排列的行为，这一发现为构建具有特定结构的石墨烯基宏观材料提供了新的途径。浙江大学高超课题组基于功能化石墨烯以及氧化石墨烯的液晶特性开展了一系列石墨烯宏观材料的组装工作[59-64]。他们发现当氧化石墨烯尺寸分布均匀时，水溶性的功能化石墨烯或氧化石墨烯能形成手性液晶，采用湿法纺丝工艺可将高浓度的氧化石墨烯液晶（如氧化石墨烯体积分数为 5.7%）纺成数米长的连续氧化石墨烯纤维，然后经过氢碘酸还原得到纯石墨烯宏观纤维[59]。这种纤维强而韧，具有良好的导电性（约 $2.5×10^4$ S/m）和优异的机械性能，可打结，也可编织成不同形态，如图 7-5 所示。后来，他们将湿法纺丝和冰模板法结合，制备了具有"多孔芯-致密壳"结构的氧化石墨烯气凝胶纤维和圆柱体，通过进一步还原获得兼具大比表面积、高强度和良好导电性的低密度多孔纯石墨烯纤维[60]。氧化石墨烯液晶中片层的有序排列决定了石墨烯纤维及三维组装体的有序多孔结构，较之无序排列的石墨烯多孔材料而言，石墨烯片层的有序排列赋予了多孔纤维和组装体良好力学性能。几乎同时，他们为提高实心石墨烯纤维强度，改用大尺寸的氧化石墨烯片层（平均 18.5 μm）通过类似的液晶纺丝工艺获得高度有序排列的氧化石墨烯纤维，减少了纤维中的缺陷，然后通过化学还原获得了导电性能（约 $4.1×10^4$ S/m）和机械性能双优的纯石墨烯纤维。并且他们以 $CaCl_2$ 和 $CuSO_4$ 溶液为凝固浴，利用二价离子（Ca^{2+}、Cu^{2+}）的化学交联作用，进一步提高了这种石墨烯纤维的机械强度[61]。随后，他们将银纳米线和氧化石墨烯在 NMP 溶剂中形成的液晶混合，获得银掺杂的石墨烯纤维，其电导率高达 $9.3×10^4$ S/m，并且这种复合石墨烯纤维具有良好的柔性，是一种优良的可伸缩导体[62]。总之，他们通过氧化石墨烯/石墨烯—液晶—石墨烯纤维这一路线将石墨烯片层组装成宏观有序的石墨烯材料，使由石墨矿直接制备高性能碳纤维成为现实，同时也认为基于液晶性质的湿法纺丝工艺有待进一步

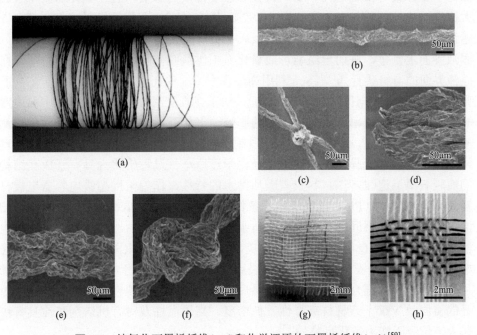

图 7-5　纯氧化石墨烯纤维(a~d)和化学还原的石墨烯纤维(e~h)[59]

发展[63]。俞书宏课题组也发现以氧化石墨烯溶液为原料采用湿法纺丝工艺及后续的化学还原可以宏量制备石墨烯纤维，同时他们阐明了氧化石墨烯片层能形成石墨烯纤维的机理，认为凝固浴中的十六烷基三甲基溴化铵（CTAB）通过中和氧化石墨烯的负电荷使片层静电斥力减小、发生卷曲进而形成纤维[64]。而且通过与环氧树脂、聚 N-异丙基丙烯酰胺和多壁碳纳米管复合，进一步提升了石墨烯纤维的性能。可见，湿法纺丝工艺是制备石墨烯纤维的一个比较有前景的方法。据 Wallace 等报道，不仅仅局限于水溶液，大片的氧化石墨烯片层也可以在一系列有机溶剂中形成液晶，从而在氧化石墨烯液晶中很容易分散和组织大量的难溶性单壁碳纳米管（SWCNT）。他们发现 GO-SWCNT 混合液晶能自组装形成层层叠加的多功能复合膜，该材料具有优异的机械性能，其中杨氏模量大于 50 GPa，抗拉强度高于 500 MPa[65]。

7.1.5 其他组装方法

Worseley 等采用间苯二酚-甲醛（RF）溶胶-凝胶法制备出超低密度的石墨烯气凝胶，该材料具有导电性好和比表面积大等特点，在储能、催化和传感领域具有良好的应用前景，其形成关键在于利用共价键而非物理搭接将石墨烯片层连接为三维多孔宏观结构[66]。Li 进一步研究了不同 K_2CO_3 含量的 RF 气凝胶，探讨了各参数对微观结构、交联特性和宏观性质的影响，且在碳化后获得了超大比表面积（4569 m^2/g）和孔容（4.92 cm^3/g）的三维石墨烯气凝胶[67]。笔者课题组发现氧化石墨烯片层能够在阳极氧化铝（AAO）和氧化石墨烯溶液形成的固液界面上富集，进而自组装形成氧化石墨烯凝胶，首次揭示了氧化石墨烯在固液界面的自组装行为[68]。Seo 利用高速真空浓缩仪在不同温度下制备了多孔石墨烯泡沫和自支撑石墨烯膜（图 7-6），由于在真空离心蒸发干燥过程中温度对氧化石墨烯蒸发速率和组装动力学的影响，氧化石墨烯片层组装形成两种截然不同的宏观形态[69]。Chen 等受发酵法制作松软多孔面包的启发，采用类似原理将氧化石墨烯层状膜放在水热釜中经化学还原产气过程转化为具有开放孔结构的质轻石墨烯泡沫，该材料具有吸油憎水的特性，作为柔性超级电容器电极材料其比容量为 110 F/g，远高于同样条件下的致密膜[70]。Lee 等采用一种简单的泡核沸腾方法在不同的目标基底上自组装形成了泡沫状的石墨烯网络，其导电性等性能可与 CVD 法制备的材料媲美，作为量子点敏化太阳能电池负极性能略好于先进的 Au 电极[71]。高超课题组采用"低温溶胶"法将大尺寸的氧化石墨烯片和碳纳米管的混合液直接冷冻干燥后经化学还原得到超轻全碳气凝胶，两组分的协同效应赋予该材料高弹性、低密度、高导电性及对有机溶剂和油具有快速大容量吸附能力等优良特性[72]。

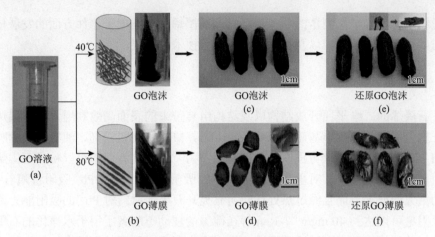

图 7-6 高速真空离心方法制备氧化石墨烯泡沫和膜的过程[69]

7.2 ▷ 石墨烯的应用

除了理论研究，材料的发展终究要归结到应用上才能体现它的价值。石墨烯由于独特的二维片层结构以及众多优异的性质在很多领域具有广阔的应用前景，并且通过构建石墨烯宏观材料又衍生出众多宏观尺度下的优良性能，这些材料在电子、吸附、催化、储能、传感等方面表现出优异的性能。

7.2.1 微纳电子器件

石墨烯具有较高的电子迁移率，可被用在机电谐振器、晶体管等微纳电子器件中。McEuen 等利用石墨烯制作了硅衬底上的机电谐振器，对其谐振频率、品质因子、振幅等参数进行了测量，发现其室温下的电荷灵敏度达到每赫兹 8×10^{-4} 电子，很适合用来做质量、力、电荷传感器[73]。Ponomarenko 等通过等离子体刻蚀制备了一种小至 30 nm 的石墨烯单电子晶体管，展示了制备分子水平石墨烯电子器件的可能[74]。Lin 等在 2 in 的 SiC 外延生长的石墨烯晶片上构造了场效应晶体管，其截止频率高达 100 GHz，在电子器件的应用中展现出巨大的潜力[75]。但是在很多应用中石墨烯的零带隙造成很大的漏电流，而室温下氧化石墨烯具有大于 0.5 eV 的输运间隙，当还原回石墨烯时变为半导体或半金属。Riedo 等使用热的原子力显微镜探针进行热化学纳米光刻来局部热还原氧化石墨烯，实现了纳米尺度对还原氧化石墨烯的形貌和电子结构调控，其有望应用在石墨烯纳电子器件制备中[76]。Garaj 等发现当浸没在离子溶液中时，石墨烯具有新的电化学结构即反式电极，具有卓越的离子绝缘性，有效绝缘厚度小于 1 nm，使其成为高分辨高通量纳米孔单分子探测器的理想基底[77]。石墨烯在微纳电子器件方面的发展依赖于对其光电性质的调控以及石墨烯微纳加工技术的发展。

7.2.2 吸附

石墨烯的二维平面开放结构以及结构组装带来的表面高效利用，使石墨烯材料在重金属离子、亚甲基蓝（methylene blue，MB）、有机溶剂、油等污染物吸附和 H_2、CO_2 等气体存储方面有巨大的应用潜力[78, 79]。笔者课题组以粉体石墨烯为吸附剂，系统研究了其对重金属离子 Pb^{2+} 的吸附特性，发现 Pb^{2+} 吸附量随着 pH 值的增大而增大，而且经过热处理能明显提升石墨烯材料对 Pb^{2+} 的吸附能力，最大吸附量可以达到 40 mg/g[80]。Ren 等在硫脲的辅助下制备了用于水净化的石墨烯海绵，其孔结构和表面性质可调控、机械强度高，对不同的水污染物如染料、油及一些有机溶剂均表现出很高的吸附容量[30]。硫脲在多孔结构形成和材料强度方面起到重要作用，在水热过程中可分解为氨气、硫化氢等还原性气体，在减少片层堆叠的同时增强了氧化石墨烯的还原程度。此外，硫脲的加入也会引入新的官能团如—NH_2、—SO_3H 等，不仅能够增强片层间作用，提高结构稳定性，也改变了石墨烯海绵的表面特性，有利于染料的吸附。Sun 等将还原后的氧化石墨烯溶液在特定形状的反应器中水热制备了海绵状石墨烯（SG），如图 7-7 所示，其对不同油品和有机溶剂的吸附量达到自重的 20～86 倍，并且能够通过加热再生方式循环使用[81]。Seo 等通过离心真空干燥的方法制备了一种三维氧化石墨烯海绵，其可用于快速高效去除水溶性染料，对 MB 和甲基紫（MV）的去除效率分别达到 99.1%和 98.8%[82]。Rao 等发现石墨烯对氢气和 CO_2 均有很高的吸附容量，他们通过第一原理的计算得出单层石墨烯可以容纳 7.7 %（质量分数）的氢气，而对 CO_2 的吸附量可达到 37.93 %（质量分数），进一步说明石墨烯在气体存储方面的潜力[83]。Srinivas 等采用 KOH 活化氧化石墨烯的方法得到比表面积将近 1900 m^2/g 的层次孔碳，其对 CO_2 和 CH_4 均具有很高的吸附能力，吸附量分别为 0.721 mg/mg 和 0.175 mg/mg[84]。

7.2.3 催化

石墨烯的独特性质尤其是良好的导电性和高比表面积特性以及氧化石墨烯上丰富的含氧官能团和缺陷活性位点使其成为催化剂或催化剂载体的良好选择。通过杂原子掺杂或负载金属/过渡金属氧化物催化剂以及与碳纳米管复合的石墨烯材料已经成功用于多种催化反应体系[85-87]。作为碱性燃料电池中的催化剂，氮掺杂的石墨烯对氧还原反应表现出卓越的催化活性，其稳态催化电流大约是商业 Pt/C 催化剂的 3 倍[88]。Mülhaupt 等发现氧化石墨烯或化学还原石墨烯上负载 Pd

对 Suzuki-Miyaura 偶联反应具有良好的催化效果，远好于传统 Pd/C 催化剂[89]。而经过三维组装后石墨烯负载 Pd 的三维复合多孔材料对 Heck 反应显示出较高的催化活性，在 K_2CO_3 存在的条件下选择性和转化率均能达到 100%[26]。Wu 等报道了一种均匀负载 Fe_3O_4 纳米颗粒的氮掺杂三维石墨烯气凝胶，该材料在碱性电解液中显示出良好的氧还原活性，有望成为高效的燃料电池阴极催化剂[28]。俞书宏课题组报道了一种氮掺杂的石墨烯/碳纳米管复合材料，它对氧还原反应具有良好的催化活性，其氧还原反应接近四电子过程[35]。

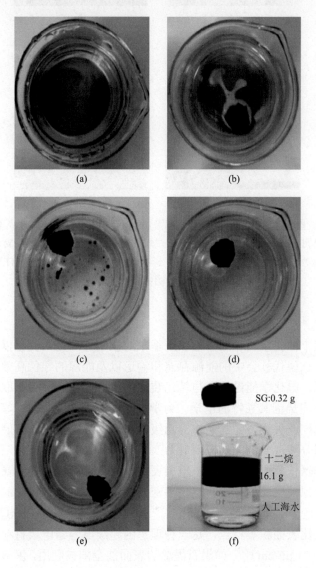

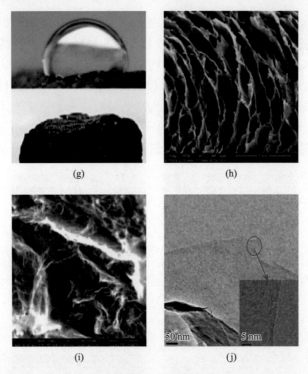

图 7-7　海绵状石墨烯（SG）对十二烷的吸附及结构表征[81]：（a～e）SG 吸附十二烷的过程，其中十二烷用苏丹红 5B 标记；（f）SG 对十二烷的吸附效果图；（g）SG 对水（上）和十二烷（下）接触角对比图；（h，i）SG 的 SEM 形貌图；（j）石墨烯骨架的 TEM 形貌图，标尺为 50 nm，插图中标尺为 5 nm

7.2.4　能量存储与转化

　　能源是整个社会发展和经济增长最基本的驱动力，是人类赖以生存和发展的基础。电化学在现代社会中的能源存储和输运以及能源的绿色高效应用方面扮演着重要的角色，电化学能量储存与转化装置的性能在很大程度上取决于电极材料的性能[90]。石墨烯因其独特的电学、力学、光学以及大比表面积等特性在电化学储能领域引起广泛关注，尤其是作为超级电容器、锂离子电池等储能器件的电极材料或关键组分展现出巨大的应用潜力[91]。

　　超级电容器依靠电解质在荷电电极表面形成稳定双电层或者在电极表面发生快速的氧化还原反应而储能，具有功率密度高、循环寿命长、充放电速度快、免维护等特点，是一类重要的储能器件[92-98]。石墨烯具有优异的导电性、机械柔性，尤其是巨大的比表面积等特点，是一种理想的超级电容器电极材料。石墨烯的本征电容大约为 21 $\mu F/cm^2$[99]，如果石墨烯的表面能全部被利用，仅双电层电容就可达到 550 F/g[100]。因此，国内外越来越多的研究小组投入到了石墨烯基超级电容器研究的行列，在材料设计（包括纳米结构设计、官能团修饰、杂原子掺杂、多组分复合等）、器件构造、工艺改进、综合性能等方面获得了较大水平的提升[31, 34, 49, 50, 100-127]。Liu 等采用具有中孔结构的石墨烯作为超级电容器电极材料，以离子液体为电解液，在 1 A/g 电流密度下的比容量为 154.1 F/g，再加上电化学窗口达到 4.5 V，相应的能量密度达到 85.6 W·h/kg[100]。Miller 等直接在金属集流体上用等离子体辅助的 CVD 方法竖向生长石墨烯片，这种结构降低了离子和电子传输阻力，所制备的电容器时间常数小于 200 ms，远低于双电层电容器的典型值（约 1 s）[104]。但 CVD 方法需要复杂的真空装置，并且石墨烯的生长速度也比较慢。El-Kady 等采用低功率激光还原氧化石墨烯膜，所得石墨烯膜的电导率和比表面积分别为 1738 S/m 和 1520 m^2/g，可以直接作为电化学电容器电极制备全固态超薄柔性器件，在多种电解液中均表现出超高的能量密度和功率密度以及优异的循环性能，远高于同样条件下的商业活性炭材料[113]。N、B、S 等杂原子的掺杂可以有效调节碳质纳米材料的电子性质、表面化学等特征[127]。Wu 等以硼氮共掺杂的三维石墨烯气凝胶作为电极材料制备出电极-隔膜-电解液一体式结构的新型全固态超级电容器[31]。该材料连续的多孔体系、大的比表面积和良好的导电性，使固态离子和电子传输增强，从而获得比较好的电容器性能。由膜状材料构造的全固态柔性超级电容器往往具有比较高的质量比容量（80～200 F/g），但由于电极厚度极小和活性物质质量极小，其面积比容量很低（3～50 mF/cm^2）。由于相互连接的三维石墨烯网络结构，石墨烯凝胶膜表现出良好的导电性和机械强度，较为适合构造柔性器件。如图 7-8 所示，Duan 等以少量氧化石墨烯溶液在水热条件下制备了三维石墨烯凝胶膜并构造了全固态柔性超级电容器，对 120 μm 厚的凝胶膜，其质量比容量为 186 F/g，面积比容量高达 372 mF/cm^2，漏电流仅为 10.6 μA，并且表现出良好的循环性能、倍率性能和机械柔性[34]。Huh 等以模板法为基础构造了三维大孔石墨烯膜（e-CMG），良好的机械完整性使其可作为三维基底和金属氧化物 MnO$_2$ 复合得到 MnO$_2$/e-CMG 复合膜。以 e-CMG 和 MnO$_2$/e-CMG 膜分别作为正极和负极构造非对称电容器，在水系中电压区间可达到 2 V，并且具有较高的能量密度（44 W·h/kg）和功率密度（25 kW/kg）以及优异的循环性能[49]。

石墨烯在锂离子电池等储能器件中主要用来构建电子和离子输运网络以及限制非碳电极材料的团聚和体积膨胀问题[128-133]。商业化正极材料 LiFePO$_4$ 的一个很大问题就是导电性差，笔者课题组将石墨烯作为导电剂引入锂离子电池正极，和商业导电剂中碳黑颗粒与活性物质间的"点-点"接触模式相比，由于"至柔至薄"的特性石墨烯能以"面-点"接触模式形成更高效的导电网络[128]。在石墨烯添加量只有商业导电剂添加量的 1/10～1/5 时其即表现出比商业电池还好的性能，是一种优异的储能型锂离子电池导电添加剂。Honma 等采用液相法制备了石墨烯/锡复合材料用作锂离子电池的负极材料，其中石墨烯的加入不仅提高了材

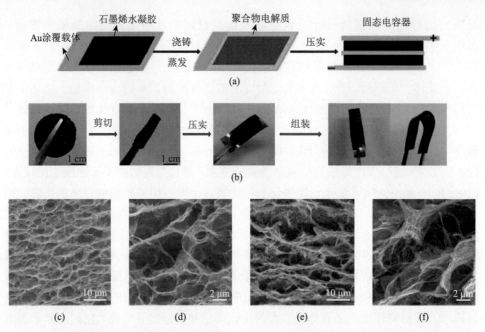

图 7-8 基于石墨烯凝胶膜的全固态柔性超级电容器构造示意图（a）和实际构造过程图（b）；（c，d）压制前凝胶内部的 SEM 图；（e，f）压制后凝胶内部的 SEM 图[34]

料的导电性，而且它的机械性能有效限制了锡在充放电过程中的体积膨胀，同时锡颗粒与石墨烯片层之间的孔为锡的体积膨胀提供了缓冲空间，从而使复合材料的循环性能和容量都得到提升[130]。智林杰等利用二维石墨烯片首次构筑了具有"面-面"导电特点的三明治复合结构（G/Sn/G），有效限制了二维锡纳米片的体积膨胀，极大地提升了负极材料的性能[132]。成会明课题组充分利用石墨烯可构筑柔性导电网络结构的优势，将钛酸锂和磷酸铁锂负载于石墨烯上组装成的柔性锂离子电池充放电倍率高达 200C[133]。

7.2.5 其他应用

由于石墨烯结构和性质的独特性，除了上述应用以外，石墨烯在透明导电膜、气体检测和分离、导热材料、生物医疗等方面也有广阔的应用前景[134]。Hong 等用滚压技术将 CVD 法生长在铜箔上的石墨烯成功转移到聚对苯二甲酸乙二醇酯（PET）基底上，制备了尺寸达 30 in 的石墨烯透明导电膜，并用其构造触屏式面板，取得良好效果[135]。研究表明，机械剥离法制备的石墨烯甚至可以检测到一个 NO_2 分子的吸附[136]。Weiller 等考察了采用化学还原法制备的石墨烯对 NO_2、NH_3 和 2,4-二硝基甲苯的检测性能[137]。成会明等报道 CVD 法制备的石墨烯泡沫对 NH_3、NO_2 等气体具有 ppm 量级的高灵敏度检测功能，可用于构造简单、持久耐用、低成本的气体传感器[41]。Kim 等发现石墨烯和氧化石墨烯膜对气体的选择透过性，尤其是有水存在时更易优先透过 CO_2，这一特性有望应用于工业化的 CO_2 分离过程中[138]。同期 Yu 等制备了一种极薄的氧化石墨烯膜，对 H_2/CO_2 和 H_2/N_2 混合物的分离选择性比最新水平的微孔膜高一到两个数量级，是一种优良的氢气分离膜[139]。最近 Nair 等研究了微米级厚度的层状氧化石墨烯膜的透过性，发现将其作为分子筛可以阻挡水合半径大于 4.5Å 的所有溶质，而小分子能以极快的速度通过，这一特性将使氧化石墨烯膜在分离和过滤技术领域大展拳脚[140]。Qu 等利用氧化石墨烯作为荧光猝灭剂用于早期癌症的预后指示检测，发展了一种简单、超灵敏的选择性检测分析方法[141]。

7.3 ▶▶ 石墨烯组装体的应用

　　石墨烯是只有一个原子层厚度的二维晶态超薄材料，其具有许多独特而优异的理化特性，石墨烯本征的大比表面积和高导电率使其成为储能领域的研究热点。另外，作为 sp^2 杂化碳质材料的基元构筑材料，石墨烯可功能导向设计出不同结构和性能的新型碳基材料，这些材料也为高效储能和吸附带来了新的契机。然而，石墨烯片层间的范德瓦耳斯力引发的不可逆聚集或堆叠，大大限制了石墨烯的本征结构和独特性质的延续，如石墨烯的有效比表面积大大降低，导电性能弱化。以二维石墨烯作为基元结构构建的三维石墨烯宏观组装体不仅继承了石墨烯的一些本征物化性能，还可赋予三维石墨烯组装体独特的性质，如柔性、多孔性、丰富的表面化学特性、优异的电子传递性能及快速的传质通道等[142-144]，这些特征使得三维石墨烯组装体材料成为理想的电极材料、高效的有害物质吸附剂及重要催化剂载体，因此这些材料及相应的功能器件在储能、环境、催化等领域具有潜在的应用前景。常见的三维石墨烯组装体有柔性多孔膜、多孔碳骨架、水凝胶及气凝胶等。

7.3.1　柔性薄膜的应用

　　超级电容器作为一种介于传统电容器和锂离子电池之间的新型环境友好型储能体系，其功率密度显著高于锂离子电池，能量密度是传统电容器的 10～100 倍，同时还具有快速充放电、循环寿命长、库仑效率高及瞬时大电流充放电等特性[145-147]。除此以外，超级电容器可与其他高能量密度的储能装置匹配成混合储能器件，如同锂离子电池组合或与燃料电池联用，应用在低排放量的混合电动汽车中。因此，超级电容器作为重要的储能器件为化石能源枯竭和环境恶化等问题提供了绿色解决方案，近年来不断受到世界各国材料学家、工程师等的广泛关注。超级电容器的电化学性能受限于诸多因素，其中电极材料对超级电容器的电化学性能起着决定性作用，一般而言，在组装超级电容器时，其电极由电极材料、导电剂和黏结剂按一定比例混合制成，导电剂和黏结剂的加入会损害超级电容器的能量密度和功率密度，并且黏结剂为高分子聚合物，导电性极差，会降低超级电容器的循环寿命。石墨烯柔性多孔膜可有效解决上述问题，其可直接作为电极材料用来组装超级电容器。

Li 以水作为"软支撑层"，通过真空过滤法制备了自堆叠溶剂化石墨烯（SSG）薄膜［图 7-9（a）］，该薄膜可有效防止石墨烯层间堆叠，开放的孔结构可为离子扩散提供畅通的通道，如图 7-9（b）所示，作为超级电容器电极材料时，SSG 具有高的功率密度和能量密度[142]。Chen 等以聚甲基丙烯酸甲酯（PMMA）作为硬模板，通过真空过滤法自组装制得了三维大孔石墨烯薄膜（MGF），如图 7-9（c）和（d）所示，该薄膜作为电极材料时，具有优异的倍率性能[148]。Ruoff 等采用自组装法制备了高度有序、机械性能良好的 3D 大孔石墨烯薄膜［图 7-9（e）］，通过调节有机前驱体的浓度，可有效控制薄膜的孔径分布，引入 N 原子以后，还可显著提高该薄膜的电化学性能［图 7-9（f）］[46]。Du 先采用真空过滤法获得氧化石墨烯和 TiO_2 的复合薄膜，后在紫外线作用下，选择性还原电极活性物质，可直接获得全固态柔性薄膜超级电容器，以 1 mol/L Na_2SO_4 作为电解液时，其体积比电容可达 237 F/cm^3[149]。

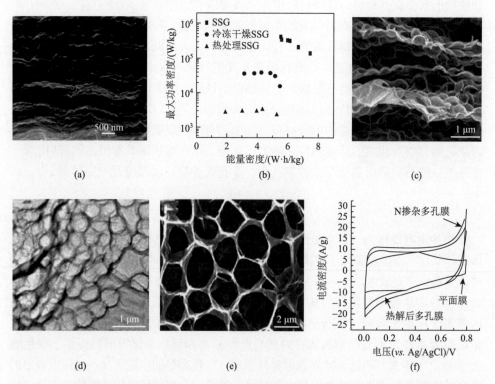

图 7-9 （a）SSG 的 SEM 截面图；（b）SSG 薄膜作为电极材料组装的超级电容器的 Ragone 图[142]；MGF 横截面的低倍（c）和高倍（d）SEM 图[148]；（e）PS-GO-5 的 SEM 图；（f）不同石墨烯薄膜循环伏安曲线图[46]

金属氧化物和导电聚合物也是超级电容器重要的电极材料，由它们组装的电容器称为法拉第赝电容器，其赝电容可比由碳材料组装的双电层电容高 10～100 倍。此外，与双电层电容器不同，高度可逆的化学储能反应，可保证在整个充放电过程中赝电容器电解液浓度基本维持不变。然而，不论是金属氧化物还是导电聚合物，充放电过程中快速的法拉第反应会引起这两种材料发生相变、体积膨胀、粉化及结构坍塌，大大削弱了电极材料的倍率性能和循环性能，从而限制了其商业化的应用。为了有效防止电极材料在充放电过程中的形变，将金属氧化物或导电聚合物与力学性能良好的石墨烯基碳材料复合，是一个行之有效的方法。一方面，具备优异导电性的石墨烯能为金属氧化物颗粒的均匀分散提供良好平台和构筑有效导电网络，抑制金属氧化物体积膨胀和粉化，弥补金属氧化物倍率性能差和循环寿命短等不足。另一方面，纳米级的金属氧化物可有效防止石墨烯片层的堆叠，并通过贡献高赝电容来提高复合电极材料的能量密度。同样，碳质材料作为支撑骨架，可防止聚合物的结构变形。Li 等采用真空抽滤法和热还原法制备了石墨烯/MnO_2 柔性复合膜，该薄膜具备良好的超级电容性能，可直接作为超级电容器电极材料，无需黏结剂，还可通过调节石墨烯与 MnO_2 的质量比控制其电化学性能，当复合物中 MnO_2 的质量分数为 24%时，该复合薄膜的比电容值可达 256 F/g[150]。Xia 等采用电沉积法在泡沫镍基底上制备的石墨烯/NiO 多孔膜同样具备良好的电化学性能，其比电容值约为 324 F/g，这得益于导电性良好的石墨烯薄膜可增强 Ni^{II} 与 Ni^{III} 之间的可逆电化学反应活性[151]。Cong 等采用一步法宏量制备了尺寸可调的石墨烯纸，然后通过电化学聚合方法将棒状聚苯胺沉积在石墨烯纸上，制备了柔性石墨烯-聚苯胺复合纸，其用作超级电容器电极材料时展现了优异的电化学性能，其质量比电容可达 763 F/g[15]。Tong 等采用简单的两步法制备了石墨烯/聚苯胺复合薄膜，首先采用原位法制备了三明治结构的聚苯胺/石墨烯/聚苯胺纳米片，而后通过电泳沉积法制备了层状复合薄膜，其可直接用作超级电容器电极材料，循环性能良好，以 2 A/g 的电流密度进行循环充放电时，循环 1000 次后，质量比电容仅下降 16%[152]。

燃料电池是一种通过氧化还原反应直接将燃料的化学能转化成电能的能源转换装置，能量转化率高，能量密度高，环境友好。燃料电池种类繁多，但不论是哪一种燃料电池，催化剂是核心组成部分，是使化学反应顺利发生的必需要素。目前，燃料电池广泛使用的催化剂是铂，但是其价格昂贵，以碳黑作为铂的催化剂载体时，铂系催化剂的活性低、抗毒能力差，为了降低载铂量，同时提高催化剂的催化性能，寻找新型贵金属的催化剂载体和非金属催化剂至关重要。优良的催化剂载体应具有比表面积大、导电性好、机械强度高、耐腐蚀性强等优点，因此石墨烯成为最理想的催化剂载体之一。Qu 通过化学气相沉积法合成了氮掺杂石墨烯 N-graphene，将其用作燃料电池中氧还原反应的催化剂时，催化活性优于 Pt/C 催化剂，抗毒性能优良[88]。Chen 以 N-graphene 作为碳骨架，在其上负载镍纳米颗粒，制备了催化性能优异的三维结构催化剂，这个独特的结构保证了催化剂与电极充分接触，提高了催化剂的利用率和循环性能[153]。Jeon 以石墨作为前驱体，通过溶液铸膜法制备了 N-graphene 薄膜，经高温还原后，该薄膜的导电性能显著提高，其作为燃料电池氧还原反应的催化剂时，催化性能显著高于商业 Pt/C 催化剂[154]。

当前水污染和大气污染问题严重，已经引起了全世界的广泛关注。水污染是指由有害化学物质造成水的使用价值降低或丧失，这些有害物质包括镉、汞等重金属离子，也包括苯、二氯乙烷、乙二醇等有机毒物。大气污染是指大气中一些物质的含量达到了对人或物造成伤害的程度，如 CO_2 气体排放过量引起的温室效应，又如近年严重影响中国大气质量的空气中细颗粒物（$PM_{2.5}$）。不论是水污染，还是大气污染，都需要利用高效吸附剂将其中的有害物质分离出来。

解决水污染的方法有很多，如脱盐、过滤、渗透、吸附和沉降等方式都可将有害物质从水中分离出来，相比其他方法，吸附具有很多优势，它可通过物理吸附或化学吸附的方式将有害物质吸附到吸附剂的表面。石墨烯基纳米碳材料因其大比表面积、丰富的含氧官能团及强抗菌能力，被认为是理想的吸附材料。Chandra 通过一步还原 GO、$FeCl_2$ 和 $FeCl_3$ 制备了 Fe_3O_4-rGO，并首次将这个功能化石墨烯用于分离污染水体中的砷离子，该复合材料吸附砷离子的能力极强，可将水中99.9%的砷离子去除[155]。然而粉体材料存在一个弊端：在水净化的后处理过程中，需要将粉体吸附剂通过过滤分离出来，增加了分离成本，石墨烯组装体如薄膜或海绵体则能有效避免这一问题。Hu 以氧化石墨烯（GO）作为前驱体合成了一种新型水分离薄膜，薄膜中 GO 层间的纳米通道允许水分子通过，而有害分子不能通过，结果表明，该薄膜的水通量为商业纳滤膜的 4～10 倍，吸附单价和双价金属离子的能力为 6%～46%，亚甲基蓝的吸附能力为 46%～66%，罗丹明的吸附能力高达 93%～95%[156]。Sun 采用滴涂法制备的氧化石墨烯薄膜，可进行离子分离和水体净化，薄膜中孔隙形成的毛细管使得金属离子能够通过薄膜，但是重金属离子与 GO 之间的配位作用又限制了离子的移动，因此该薄膜可将水体中污染性的重金属离子分离出来[157]。通过改变石墨烯表面化学特性，可制备超亲水性或超疏水性石墨烯柔性薄膜，其可用来清理泄漏在水体中的轻油和重油。Yang 等采用一步低温热还原法制备了还原氧化石墨烯薄膜 rGO，通过控制还原温度，可调节 rGO 的孔隙率和吸附行为，该薄膜对油和有机溶剂均展现了优异的吸附性能，并且该薄膜具有很好的循环性能，经过 10 次循环吸附后，rGO 的微观结构保持良好，吸附性能保持不变[158]。

随着大气中 CO_2 和 CH_4 等温室气体的浓度越来越高，全球变暖引发的环境问题已不容小觑，将大气中温室气体的浓度降到合理范围迫在眉睫。目前，工业上进行气体吸附和分离的常用办法包括物理法如低温吸附，化学法如液氨法，然而这些方法成本高，且会对环境造成二次污染。膜分离法被认为是气体吸附和分离的有效手段，该法不涉及相变，同时可降低能耗。目前用于气体分离的膜材料有很多，理想的膜材料应该具备可控的孔径、稳定的结构和优异的渗透性。相比其他膜材料，石墨烯基碳材料具备优异的热稳定性和化学稳定性，是理想的气体吸附剂。Du 设计了孔径可控的石墨烯薄膜，其可有效分离 H_2 和 N_2，当多孔石墨烯薄膜的孔径小于 4.135Å 时，只有 H_2 分子能够通过该多孔膜，因此通过控制多孔石墨烯薄膜的孔径，可有效分离 H_2 和 N_2[159]。Li 采用过滤法制备了膜厚仅 1.8 nm的超薄氧化石墨烯薄膜，该薄膜对气体具有很强的选择性，利用氧化石墨烯薄膜上的结构缺陷，该薄膜可有效地将 H_2 从 H_2/N_2 和 H_2/CO_2 的混合气体中分离出来[139]。Shan 等考察了其制备的多孔石墨烯薄膜的气体吸附性能和分离性能，结果表明，薄膜上的官能团能够强烈影响 CO_2 的吸附量，由于静电吸附作用，薄膜孔径边缘的官能团对 CO_2 具有很强的选择性，通过修饰石墨烯薄膜的表面官能团，可有效分离和捕获 CO_2 气体，这对于缓解温室效应意义重大[160]。

7.3.2　三维组装体的应用

以石墨烯或氧化石墨烯作为前驱体，能够可控组装石墨烯的三维宏观体，常见宏观体有水凝胶和气凝胶等，这些组装体常常具备优异的物化性能，如层次孔结构、高比表面积、丰富的表面化学，以及优异的电子传导和离子传质能力，因此，三维石墨烯宏观体在储能、催化和气体吸附等领域具有广阔的应用前景，如图 7-10 所示。石高全课题组通过一步水热自组装法制备了三维网络结构的石墨烯水凝胶，其在水系电解液中的比电容可达 175 F/g[161]。由于受到水系电解液低分解电压的限制，该水溶胶的能量密度不够理想，为了提高其能量密度，同时保证较高的功率密度，该课题组还采用相同的方法制备了三维网络结构的石墨烯有机凝胶，其与有机电解液的溶剂 PC 润湿性能良好，同时，由于所采用的有机电解液的电化学窗口较宽，该石墨烯有机凝胶的能量密度高达 43.5 W·h/kg[162]。笔者课题组通过真空干燥法制备的高密度石墨烯宏观体，具有丰富的微孔和中孔，同时含有丰富的表面官能团，在 6 mol/L KOH 电解液中，其比电容值可达 260 F/g，另外其畅通的离子通道保证了该电极材料具有优异的倍率性能[163]。研究表明，不论是水溶胶还是气凝胶，将其用作超级电容器的电极材料时，宏观体在制备过程中保留的含氧官能团有助于电容性能的提高，这源于 C、O 类含氧官能团有利于形成双电层，不仅能增大电极材料的电容，还可提高其循环性能[164]。为了优化三维宏观体的电化学性能，还可通过化学改性、掺杂等方法引入其他杂原子如 N、B 等，也可提高电极材料电容性能。Sui 通过水热法制备了氮掺杂的石墨烯气凝胶，以硫酸作为电解液时，其比电容可达 223 F/g[165]。这是由于以下几点：①N 能增加亲水极性位点，提高浸润性；②引入电子，增大导电率；③提高电子密度，贡献孔间电荷层电容；④贡献赝电容[166]。

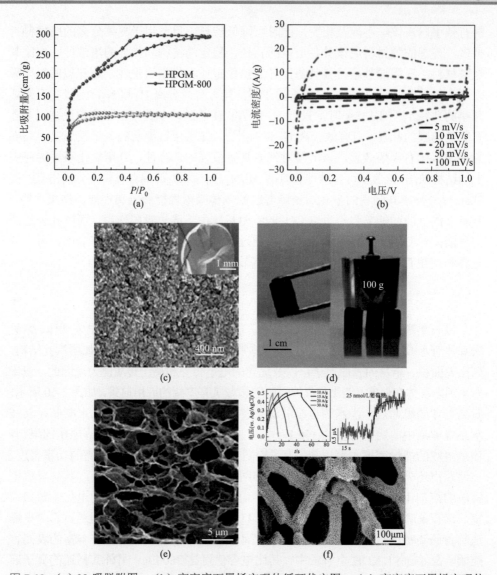

图 7-10 （a）N$_2$ 吸脱附图；（b）高密度石墨烯宏观体循环伏安图；（c）高密度石墨烯宏观体 SEM 图[163]；（d）石墨烯宏观体图片；（e）石墨烯宏观体 SEM 图[161]；（f）3D 石墨烯/Co$_3$O$_4$ 表征图[167]

石墨烯三维宏观体具有优异机械性能，其可为金属氧化物和导电聚合物提供稳定的碳骨架，防止这两种赝电容材料在充放电过程中发生相变，同时三维石墨烯宏观体丰富的层次孔为电子传导和离子传质提供了通道，因此将三维石墨烯宏观体与赝电容材料进行复合，制备复合电极材料，为提高超级电容器、燃料电池、锂离子电池等储能器件的电化学性能开拓了更宽广的道路。张华课题组将 CVD

法制备的三维石墨烯泡沫作为碳骨架，通过水热法可在其上均匀负载 Co_3O_4，能防止氧化钴团聚，所得块状 3D 石墨烯/Co_3O_4 材料导电性良好，当电流密度为 10 A/g 时，该电极材料的电容值高达 1100 F/g［图 7-10（f）］[167]。Qu 等采用先水热后电沉积两步法制备了三维网络结构的多孔聚吡咯/石墨烯泡沫，该材料导电性和机械性能良好，是一种理想的压缩型超级电容器用电极材料，测试结果表明该电容器经若干次形变后，其电容值基本维持不变[37]。

　　相比燃料电池的商用催化剂载体碳黑，石墨烯宏观体的机械性能更优，可为金属催化剂提供稳定的碳骨架，并且石墨烯与金属催化剂之间的协同作用，大大提高了催化性能，降低了成本。Wu 通过一步水热法制备了氮掺杂石墨烯气凝胶负载 Fe_3O_4 的复合宏观体（Fe_3O_4/N-GAs），作为燃料电池氧还原催化剂，三维宏观体充当支撑骨架，Fe_3O_4 颗粒均匀分布在石墨烯表面，N 元素嵌在石墨烯晶格中，与氮掺杂的碳黑和氮掺杂的二维石墨烯两种载体相比，Fe_3O_4/N-GAs 具有更高的催化活性，H_2O_2 产量更低，电子转移数更高，这源于复合宏观体的三维结构和高比表面积[168]。Ren 利用水热法制备了镍/石墨烯（Ni/graphene）复合气凝胶，镍纳米颗粒原位生长在气凝胶中石墨烯表面，将其用作直接乙醇燃料电池催化剂时，对乙醇氧化具有很好的催化作用[169]。Yin 采用两步水热法制备了氮掺杂石墨烯负载铁氮化合物的杂化气凝胶（Fe_xN/NGA），铁氮化合物与石墨烯片层间的协同作用大大提高了该杂化气凝胶催化氧还原反应的催化性能，并大大提升了该催化剂的抗毒能力，优于商业 Pt/C 催化剂[170]。石墨烯宏观体除了用作金属催化剂的催化载体外，还可与其他非金属元素进行共掺杂，制备杂化宏观体，用作燃料电池氧还原反应的电催化剂。Su 等合成了氮和硫共掺杂的石墨烯复合宏观体，该宏观体用作氧还原反应的催化剂时，电子转移数为 4，催化性能优异[171]。

　　由于三维石墨烯组装体具备可控的表面化学特性和孔隙结构，其被认为是理想的吸附材料，可用于大量吸附污染水体中的重金属离子、有机物、重油和轻质油。Li 采用水热法和原位沉积法制备了 Fe_3O_4/graphene 复合宏观体，用于处理污染的水体，该宏观体可有效吸附水中的砷离子、染料和各种油类物质，对砷离子的吸附量可达 11.3 mg/g[172]。笔者课题组以三维多孔氧化石墨烯宏观体 PGO 作为吸附剂，在室温下和碱性环境中，其对水中亚甲基蓝的吸附量高达 1100 mg/g。比较 PGO、PGM 和 GNs 的吸附性能，分析表明 PGO 的吸附机理是源于 PGO 丰富的含氧官能团和交联的三维网络结构，并且证实 PGO 的化学吸附为主要吸附方式，如图 7-11（a）～（c）所示[173]。Lee 等利用 CNT/graphene 杂化气凝胶有效吸附了水中染料、有机污染物和油类物质，并比较了不同气凝胶对亚甲基蓝的吸附能力，其中 G-CNT-A 对亚甲基蓝的吸附能力最强，吸附量为 626 mg/g，如图 7-11（d）所示[174]。Gao 以石墨烯和碳纳米管作为前驱体合成了

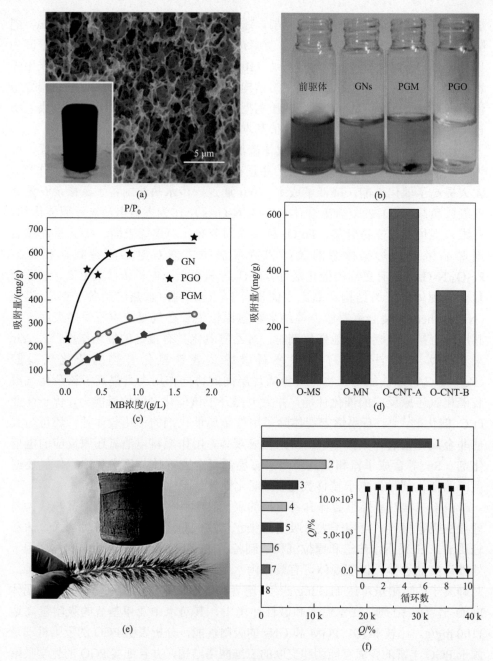

图 7-11 （a）PGO 的 SEM 图；（b）不同材料吸附亚甲基蓝效果；（c）不同材料对亚甲基蓝
的吸附曲线[173]；（d）不同宏观体对亚甲基蓝吸附能力的比较[174]；（e）全碳超轻气凝胶图；
（f）不同材料对轻质油吸附能力的比较[72]；1 代表笔者所在课题组的材料；2 代表碳纳米管泡
沫；3 代表石墨烯泡沫；4 代表膨胀石墨；5 代表聚氨酯泡沫；6 代表纸巾；7 代表商用吸油材
料；8 代表活性炭

全碳超轻气凝胶，其具有优异的机械性能和高比表面积，可有效吸附水体中轻质油，如图 7-11（e）和（f）所示[72]。Qiu 等采用微波法制备了多壁碳纳米管与石墨烯的杂化气凝胶 CNT/GA，该气凝胶弹性性能优异，具备超疏水和超亲油特性，可用来重复进行水油分离[175]。

7.3.3　致密三维组装体用于高体积能量密度储能器件的构建

实用化电化学储能器件的要求是：体积小、密度小、能量高。如何实现致密储能，即在有限的空间中储存更多的能量，越来越成为科学界和企业界的共同关注点。

能量密度和功率密度是用来衡量不同储能器件的能量存储性能的重要参数，超级电容器能量密度计算公式如下：

$$E_m = C_m V^2/2 \qquad\qquad (7\text{-}1)$$

$$E_v = C_v V^2/2 \qquad\qquad (7\text{-}2)$$

式中，E_m 为质量能量密度（W·h/kg）；E_v 为体积能量密度（W·h/cm^3）；C_m 为器件质量比电容（F/g）；C_v 为器件体积比电容（F/cm^3）；V 为电压（V）。

由式（7-1）、式（7-2）可知，超级电容器的高体积能量密度与电极材料、电解液、电极制备和器件组装息息相关。为了获得高体积能量密度，需要提高电极材料的电容性能和密度，拓展超级电容器所用电解液的电化学窗口，降低电极制备过程中导电剂和黏结剂的用量，减小储能器件组装过程中其他组件对体积能量密度的影响。本小节将从电极材料、电解液和器件组装三个方面讨论如何构建高体积能量密度超级电容器。

电极材料的电容性能和密度直接影响超级电容器的体积能量密度，决定着器件的性能水平。首先保证电极材料具有高的质量比电容，实现高质量比电容的方法有很多：保证电解液与电极材料充分接触，提高电极材料的有效比表面积。合理调控电极材料的孔结构，不同尺度的孔对超级电容器电化学性能所起的作用差别较大，一般认为微米级大孔内的电解液为一种准体相电解液，可降低电解液离子在材料内部的扩散距离，中孔可降低电解质离子在电极材料中的转移阻力，只有微孔内的强电势主要吸附离子，提高电极材料表面电荷密度和电容。在保证电极材料具有高质量比电容的前提下，提高材料的密度，是实现储能器件高体积能量密度的关键因素之一。对于多孔碳材料而言，高的孔隙率和高的材料密度是一对矛盾体，一般孔隙率越高，材料密度越低，因此必须通过合理调控，保证材料具备丰富孔结构的同时，具有高的材料密度。笔者课题组利用毛细干燥技术制备得到高密度多孔石墨烯宏观体 HPGM，这是一种全新的高密多孔碳，完美平衡了材料高密度和多孔性，在 6 mol/L KOH 电解液中，当电流密度为 0.1 A/g 时，HPGM 的体积比电容高达 461 F/cm^3。相应超级电容器的最高体积能量密度和比功率分别为 13.1 W·h/L 和 5.9 kW/L[163]。笔者课题组在保证石墨烯宏观体具有较高密度的条件下，分别通过 KOH 活化，以及氯化锌造孔两种方法，制备了石墨烯宏观体 PGPs-40 MPa 和 PaGM，平衡了宏观体的孔结构和密度，以 PGPs-40 MPa 和 PaGM 分别作为超级电容器的电极材料，在离子液体电解液中，二者的体积能量密度分别高达 94.6 W·h/L 和 64.7 W·h/L[176, 177]。金属氧化物既具有高物理密度，又有高赝电容特性，将金属氧化物与高密度碳基材料复合，则可进一步提高复合电极材料的密度和体积能量密度。笔者课题组以石墨烯宏观体作为载体，复合了不同钌含量的二氧化钌，该复合宏观材料也可以直接用作超级电容器电极材料。一方面，三维结构的石墨烯为 RuO_2 纳米颗粒的均匀分散提供了支撑骨架，可有效防止 RuO_2 纳米颗粒长大和团聚，抑制 RuO_2 在充放电过程中的体积形变和粉化，提高了 RuO_2 对复合物电容的贡献率，保证了复合物具有高比电容和优异的倍率性能。另一方面，该复合电极材料的高密度特性，大大提高了所组装的超级电容器的体积能量密度和功率密度。导电聚合物作为另一种常见赝电容材料，将其与石墨烯宏观体进行复合时，同样能提高复合宏观体的体积能量密度。笔者课题组先以氧化石墨烯水溶胶作为吸附剂，可吸附单体苯胺，然后通过原位聚合法合成聚苯胺，同时还原氧化石墨烯，获得聚苯胺/石墨烯复合宏观体，该复合物的密度为 1.5 g/cm^3，体积比电容高达 802 F/cm$^{3[178]}$。

电极的制备同样影响超级电容器的体积能量密度，常见电极制备方式是将活性电极材料、黏结剂和导电剂按一定比例混合均匀，然后经物理压制而成，首先，导电剂和黏结剂的添加损害了储能器件的整体能量密度和功率密度；其次，物理压制会造成电极材料结构的破坏，损害电容性能。因此，将电极材料设计为自支撑电极，可减少添加剂，甚至是集流体对整体器件能量密度的影响，从而提高储能器件的体积能量密度。

在保证电极材料具备高的比电容性能和密度的同时，由计算公式可知，超级电容器的能量密度正比于电解液电压窗口的平方，因此电解液也是影响超级电容器具备高体积能量密度的重要因素。常用电解液可分为两类：水系和有机系。相对有机电解液，水系电解液便宜、安全，然而其电化学窗口窄，一般为 1 V。有机电解液的电化学窗口可宽至 2.5 V，商用有机电解液一般为[N(C$_2$H$_5$)$_4$BF$_4$]/AN 或 [N(C$_2$H$_5$)$_4$BF$_4$]/PC，其中溶剂 AN 或 PC 是为了提高电解液的导电性，然而乙腈闪点低（5℃左右），安全性能差。丙烯酸可替代乙腈作为有机电解液的溶剂，但是其导电率低，这样就会牺牲超级电容器的功率密度。离子液体可燃性低，可使用的温度范围宽（−50~100℃），电化学窗口宽，使得超级电容器具有很高的能量密度。然而离子液体也存在一些弊端，如离子电导率低，只有在高温下电导率才会逐渐增大；同一电极材料在离子液体当中的电容性能低于有机系和水系电解液等。为了充分发挥离子液体在常温下宽电化学窗口的优势，研究者们采用离子液体对碳质材料进行改性，以提高其电容性能。Ruoff 组报道了经离子液体改性的还原氧化石墨烯与离子液体电解液间具有很好的相容性，既增大了电极材料的有效面积，又可保证电化学窗口高达 3.5 V，该电极材料的能量密度可达 6.5 W·h/kg[179]。

儲能器件的组装对整个器件能量密度的影响也不可小觑，在计算储能器件的能量密度和功率密度时，必须将器件组装所需的其他部件的质量和所占体积也考虑进来，这样就会牺牲储能器件的能量密度。一个行之有效的方式是构建全固态超级电容器和锂离子电容器，其均具有高的质量能量密度，在保证所用电极材料具有高的质量密度的前提下，可显著提高储能器件的体积能量密度。

全固态超级电容器具备轻薄、小巧、结构简单、便于携带、安全系数高等优点，能提高电极材料与电解液的兼容性，降低整个器件的质量，以提高器件能量密度。范守善课题组通过简单的两步法制备了超薄全固态超级电容器[180]。该电容器采用聚苯胺/碳纳米管（PANI/CNTs）复合薄膜作为正负极，H_2SO_4/PVA 同时充当电解液和隔膜的作用，所得电容器的厚度与一张标准 A4 纸相当，具有非常优异的柔性，可制成任意形状，并且其形态不影响超级电容器的电容性能，如图 7-12（a）所示。实验结果表明，该电容器的整体比电容可达 31.4 F/g，比商业化卷绕式电容器的电容值高 6 倍以上。吴忠帅等以 B 和 N 共掺杂的石墨烯气凝胶（BN-GAs）作为正负极，PVA/H_2SO_4 既作为固态电解液又作为隔膜，组装了图 7-12（b）所示的性能优良的全固态超级电容器，其比电容值可达 62 F/g，能量密度约为 8.65 W·h/kg[31]。

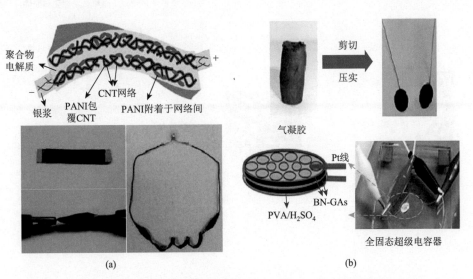

图 7-12　全固态超级电容器组装示意图：（a）PANI/CNTs 为电极材料[180]；
（b）BN-GAs 为电极材料[31]

从锂离子电池和双电层电容器的特性可知，前者具有高能量密度，后者具有高功率密度，这源于二者的储能机理不同，双电层电容器通过吸脱附进行电荷存储，锂离子电池通过电极材料的相转化储存能量。由此，研究者们考虑联合电池和电容器两种技术，开发一种新型混合电容器，一极采用碳质材料，另一极则采用锂离子电池材料，并以有机电解液为工作介质，由此锂离子电容器应运而生。Amatucci 等率先提出了这种储能机制，正极为活性炭，负极为 $Li_4Ti_5O_{12}$，$LiPF_6/EC/DMC$ 作为电解液，如图 7-13（a）所示，该锂离子电容器的电化学窗口宽至 3 V，循环性能良好，可循环 10^5 次，质量能量密度可达 10.4 W·h/kg[181]。$Li_4Ti_5O_{12}$ 具有高库仑效率、良好热稳定性、成本低廉等特性，为锂离子电容器负极材料的最优选择之一。尽管锂离子电容器在能量密度和功率密度方面都有所提高，然而，同锂离子电池一样，其仍然会受到锂离子在体相电极材料中脱锂/插锂过程动力学步骤控制。为了弥补这一缺陷，Liu 等对以上体系进行了改变，组装了表面激活锂离子电容器，如图 7-13（b）所示[182]。该锂离子电容器以多孔石墨烯作为正负极，在负极上负载锂源（可为锂粉、锂箔等）并与电解液直接接触，以保证锂离子与正负极进行快速的表面吸脱附或脱嵌锂反应，可有效避免体相脱嵌锂过程。该电容器的能量密度可达 160 W·h/kg cell，比双电层电容器高 30 倍以上，功率密度为 100 kW/kg cell，比锂离子电池高 100 多倍。

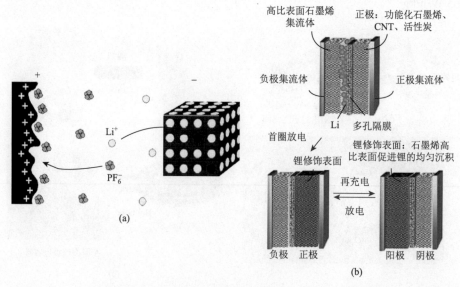

图 7-13　（a）锂离子混合电容器电极反应示意图[181]；（b）表面激活锂离子电容器反应机理示意图[182]

参 考 文 献

[1] Dan L，Marc B M，Scott G，et al. Processable aqueous dispersions of graphene nanosheets. Nature Nanotechnology，2008，3（2）：101-105.

[2] Becerril H A，Mao J，Liu Z，et al. Evaluation of solution-processed reduced graphene oxide films as transparent conductors. ACS Nano，2008，2（3）：463-470.

[3] Geng J，Liu L，Yang S B，et al. A simple approach for preparing transparent conductive graphene films using the controlled chemical reduction of exfoliated graphene oxide in an aqueous suspension. Journal of Physical Chemistry C，2010，114（34）：14433-14440.

[4] Si Y，Samulski E T. Synthesis of water soluble graphene. Nano Letters，2008，8（6）：1679-1682.

[5] Shin H J，Kim K K，Benayad A，et al. Efficient reduction of graphite oxide by sodium borohydride and its effect on electrical conductance. Advanced Functional Materials，2010，19（12）：1987-1992.

[6] Fan X，Peng W，Li Y，et al. Deoxygenation of exfoliated graphite oxide under alkaline conditions：a green route to graphene preparation. Advanced Materials，2010，20（23）：4490-4493.

[7] Zhao J，Pei S，Ren W，et al. Efficient preparation of large-area graphene oxide sheets for transparent conductive films. ACS Nano，2010，4（9）：5245-5252.

[8] Moon I K，Lee J，Ruoff R S，et al. Reduced graphene oxide by chemical graphitization. Nature Communications，2010，1（6）：1-6.

[9] Fernández-Merino M J，Guardia L，Paredes J I，et al. Vitamin C is an ideal substitute for hydrazine in the reduction of graphene oxide suspensions. Journal of Physical Chemistry C，2010，114（14）：6426-6432.

[10] Zhang J，Yang H，Shen G，et al. Reduction of graphene oxide via L-ascorbic acid. Chemical Communications，2010，46（7）：1112-1114.

[11] Fan Z，Wang K，Wei T，et al. An environmentally friendly and efficient route for the reduction of graphene oxide by aluminum powder. Carbon，2010，48（5）：1686-1689.

[12] Lei Z，Lu L，Zhao X S. The electrocapacitive properties of graphene oxide reduced by urea. Energy & Environmental Science，2012，5（4）：6391-6399.

[13] Dmitriy A D，Sasha S，Eric J Z，et al. Preparation and characterization of graphene oxide paper. Nature，2015，448（7152）：457-460.

[14] Tang L，Wang Y，Li Y，et al. Preparation，structure，and electrochemical properties of reduced graphene sheet films. Advanced Functional Materials，2010，19（17）：2782-2789.

[15] Cong H P，Ren X C，Wang P，et al. Flexible graphene-polyaniline composite paper for high-performance supercapacitor. Energy & Environmental Science，2013，6（4）：1185-1191.

[16] Wallace G G，Müller M B，Li D，et al. Mechanically strong，electrically conductive，and biocompatible graphene paper. Advanced Materials，2010，20（18）：3557-3561.

[17] Cotet L C，Magyari K，Todea M，et al. Versatile self-assembled graphene oxide membranes obtained under ambient conditions by using a water-ethanol suspension. Journal of Materials Chemistry A，2016，5（5）：2132-2142.

[18] Lv W，Xia Z X，Wu S D，et al. Conductive graphene-based macroscopic membrane self-assembled at a liquid-air interface. Journal of Materials Chemistry，2011，21（10）：3359-3364.

[19] Chen G，Tang S，Song Y，et al. High-intensity compact ultrasound assisted synthesis of porous N-doped graphene thin microsheets with well-dispersed near-spherical Ni$_2$P nanoflowers for energy storage. Chemical

Engineering Journal，2019，361：387-397.

[20] Wu S D，Lv W，Xu J，et al. A graphene/poly（vinyl alcohol）hybrid membrane self-assembled at the liquid/air interface: enhanced mechanical performance and promising saturable absorber. Journal of Materials Chemistry，2012，22（33）：17204-17209.

[21] Chen C M，Huang J Q，Zhang Q，et al. Annealing a graphene oxide film to produce a free standing high conductive graphene film. Carbon，2012，50（2）：659-667.

[22] Reina A，Jia X T，Ho J，et al. Large area, few-layer graphene films on arbitrary substrates by chemical vapor deposition. Nano Letters，2009，9（1）：30-35.

[23] Pham V H，Cuong T V，Hur S H，et al. Fast and simple fabrication of a large transparent chemically-converted graphene film by spray-coating. Carbon，2010，48（7）：1945-1951.

[24] Franklin K，Cote L J，Jiaxing H. Graphene oxide: surface activity and two-dimensional assembly. Advanced Materials，2010，22（17）：1954-1958.

[25] Wang C，Li D，Too C O，et al. Electrochemical properties of graphene paper electrodes used in lithium batteries. Chemistry of Materials，2009，21（13）：2604-2606.

[26] Tang Z，Shen S，Zhuang J，et al. Noble-metal-promoted three-dimensional macroassembly of single-layered graphene oxide. Angewandte Chemie International Edition，2010，122（27）：4707-4711.

[27] An F，Li X，Min P，et al. Highly anisotropic graphene/boron nitride hybrid aerogels with long-range ordered architecture and moderate density for highly thermally conductive composites. Carbon，2018，126：119-127.

[28] Wu Z S，Yang S，Sun Y，et al. 3D nitrogen-doped graphene aerogel-supported Fe_3O_4 nanoparticles as efficient electrocatalysts for the oxygen reduction reaction. Journal of the American Chemical Society，2012，134（22）：9082-9085.

[29] Zhao Y，Hu C，Hu Y，et al. A versatile, ultralight, nitrogen-doped graphene framework. Angewandte Chemie International Edition，2012，51（45）：11371-11375.

[30] Sephra P J，Baraneedharan P，Sivakumar M，et al. Size controlled synthesis of SnO_2 and its electrostatic self-assembly over reduced graphene oxide for photocatalyst and supercapacitor application. Materials Research Bulletin，2018，106：103-112.

[31] Wu Z S，Winter A，Chen L，et al. Three-dimensional nitrogen and boron co-doped graphene for high-performance all-solid-state supercapacitors. Advanced Materials，2012，24（37）：5130-5135.

[32] Niu Z，Liu L，Zhang L，et al. A universal strategy to prepare functional porous graphene hybrid architectures. Advanced Materials，2014，26（22）：3681-3687.

[33] Jiang X，Ma Y，Li J，et al. Self-assembly of reduced graphene oxide into three-dimensional architecture by divalent ion linkage. Journal of Physical Chemistry C，2010，114（51）：22462-22465.

[34] Xu Y，Lin Z，Huang X，et al. Flexible solid-state supercapacitors based on three-dimensional graphene hydrogel films. ACS Nano，2013，7（5）：4042-4049.

[35] Chen P，Xiao T Y，Qian Y H，et al. A nitrogen-doped graphene/carbon nanotube nanocomposite with synergistically enhanced electrochemical activity. Advanced Materials，2013，25（23）：3192-3196.

[36] Bi H，Yin K，Xiao X，et al. Low Temperature casting of graphene with high compressive strength. Advanced Materials，2012，24（37）：5123-5123.

[37] Yang Z，Jia L，Yue H，et al. Highly compression-tolerant supercapacitor based on polypyrrole-mediated graphene foam electrodes. Advanced Materials，2013，25（4）：591-595.

[38] Chen Z，Ren W，Gao L，et al. Three-dimensional flexible and conductive interconnected graphene networks

grown by chemical vapour deposition. Nature Materials，2011，10（6）：424-428.

[39] Chen Z，Xu C，Ma C，et al. Lightweight and flexible graphene foam composites for high-performance electromagnetic interference shielding. Advanced Materials，2013，25（9）：1296-1300.

[40] Singh E，Chen Z P，Houshmand F，et al. Superhydrophobic graphene foams. Small，2013，9（1）：75-80.

[41] Yavari F，Chen Z，Thomas A V，et al. High sensitivity gas detection using a macroscopic three-dimensional graphene foam network. Scientific Reports，2011，1：166.

[42] Li W，Song G，Wu L，et al. High-density three-dimension graphene macroscopic objects for high-capacity removal of heavy metal ions. Scientific Reports，2013，3（7）：2125.

[43] Luis E，Antonios K，Qianming G，et al. Multifunctional graphene/platinum/Nafion hybrids via ice templating. Journal of the American Chemical Society，2011，133（16）：6122-6125.

[44] Qiu L，Liu J Z，Chang S L Y，et al. Biomimetic superelastic graphene-based cellular monoliths. Nature Communications，2012，3（4）：1241.

[45] Vickery J L，Patil A J，Mann S. fabrication of graphene–polymer nanocomposites with higher-order three-dimensional architectures. Advanced Materials，2009，21（21）：2180-2184.

[46] Lee S H，Kim H W，Hwang J O，et al. Three-dimensional self-assembly of graphene oxide platelets into mechanically flexible macroporous carbon films. Angewandte Chemie International Edition，2010，122（52）：10282-10286.

[47] Yin S，Zhang Y，Kong J，et al. Assembly of graphene sheets into hierarchical structures for high-performance energy storage. ACS Nano，2011，5（5）：3831-3838.

[48] Yin S，Chen P，Sun H，et al. Fabrication of the graphene honeycomb structure as a scaffold for the study of cell growth. New Journal of Chemistry，2018，42（8）：6299-6304.

[49] Choi B G，Yang M，Hong W H，et al. 3D macroporous graphene frameworks for supercapacitors with high energy and power densities. ACS Nano，2012，6（5）：4020-4028.

[50] Wang Z，Zhang C，Xu C，et al. Hollow polypyrrole nanosphere embedded in nitrogen-doped graphene layers to obtain a three-dimensional nanostructure as electrode material for electrochemical supercapacitor. Ionics，2016，23（1）：1-10.

[51] Kang D，Cai Z，Jin Q，et al. Bio-inspired composite films with integrative properties based on the self-assembly of gellan gum-graphene oxide crosslinked nanohybrid building blocks. Carbon，2015，91：445-457.

[52] Xu Y，Wu Q，Sun Y，et al. Three-dimensional self-assembly of graphene oxide and DNA into multifunctional hydrogels. ACS Nano，2010，4（12）：7358-7362.

[53] Bai H，Li C，Wang X，et al. A pH-sensitive graphene oxide composite hydrogel. Chemical Communications，2010，46（14）：2376-2378.

[54] Lv W，Tao Y，Ni W，et al. One-pot self-assembly of three-dimensional graphene macroassemblies with porous core and layered shell. Journal of Materials Chemistry，2011，21（33）：12352-12357.

[55] Chen W，Yan L. *In situ* self-assembly of mild chemical reduction graphene for three-dimensional architectures. Nanoscale，2011，3（8）：3132-3137.

[56] Cong H P，Ren X C，Wang P，et al. Macroscopic multifunctional graphene-based hydrogels and aerogels by a metal ion induced self-assembly process. ACS Nano，2012，6（3）：2693-2703.

[57] Hu H，Zhao Z，Wan W，et al. Ultralight and highly compressible graphene aerogels. Advanced Materials，2013，25（15）：2219-2223.

[58] Sudeep P M，Narayanan T N，Aswathi G，et al. Covalently interconnected three-dimensional graphene oxide

solids. ACS Nano，2013，7（8）：7034-7040.

[59] Xu Z，Gao C. Graphene chiral liquid crystals and macroscopic assembled fibers. Nature Communications，2011，2（1）：571.

[60] Xu Z，Zhang Y，Li P，et al. Strong，conductive，lightweight，neat graphene aerogel fibers with aligned pores. ACS Nano，2012，6（8）：7103-7113.

[61] Xu Z，Sun H，Zhao X，et al. Ultrastrong fibers assembled from giant graphene oxide sheets. Advanced Materials，2013，25（2）：188-193.

[62] Xu Z，Liu Z，Sun H，et al. Highly electrically conductive Ag-doped graphene fibers as stretchable conductors. Advanced Materials，2013，25（23）：3249-3253.

[63] Cheng H，Huang Y，Zhao F，et al. Spontaneous power source in ambient air of a well-directionally reduced graphene oxide bulk. Energy & Environmental Science，2018，11：2839-2845.

[64] Cong H P，Ren X C，Ping W，et al. Wet-spinning assembly of continuous，neat，and macroscopic graphene fibers. Scientific Reports，2012，2（4）：613.

[65] Jalili R，Aboutalebi S H，Esrafilzadeh D，et al. Organic solvent-based graphene oxide liquid crystals：a facile route toward the next generation of self-assembled layer-by-layer multifunctional 3D architectures. ACS Nano，2013，7（5）：3981-3990.

[66] Worsley M A，Pauzauskie P J，Olson T Y，et al. Synthesis of graphene aerogel with high electrical conductivity. Journal of the American Chemical Society，2010，132（40）：14067-14069.

[67] Chen C M，Li F，Xie L，et al. Boosting the specific surface area of hierarchical porous carbon aerogel by multiple roles of the catalyst towards high performance supercapacitors. ChemElectroChem，2017，4（12）：3119-3125.

[68] Shao J J，Wu S D，Zhang S B，et al. Graphene oxide hydrogel at solid/liquid interface. Chemical Communications，2011，47（20）：5771-5773.

[69] Liu F，Seo T S. A controllable self-assembly method for large-scale synthesis of graphene sponges and free-standing graphene films. Advanced Functional Materials，2010，20（12）：1930-1936.

[70] Niu Z，Chen J，Hng H H，et al. A leavening strategy to prepare reduced graphene oxide foams. Advanced Materials，2012，24（30）：4144-4150.

[71] Ahn H S，Jang J W，Seol M，et al. Self-assembled foam-like graphene networks formed through nucleate boiling. Scientific Reports，2013，3（7439）：1396.

[72] Sun H，Xu Z，Gao C. Multifunctional，ultra-flyweight，synergistically assembled carbon aerogels. Advanced Materials，2013，25（18）：2554-2560.

[73] Bunch J S，van der Zande A M，Verbridge S S，et al. Electromechanical resonators from graphene sheets. Science，2007，315（5811）：490-493.

[74] Ponomarenko L A，Schedin F，Katsnelson M I，et al. Chaotic Dirac billiard in graphene quantum dots. Science，2008，320（5874）：356-358.

[75] Lin Y M，Dimitrakopoulos C，Jenkins K A，et al. 100-GHz transistors from wafer-scale epitaxial graphene. Science，2010，327（5966）：662-662.

[76] Wei Z，Wang D，Kim S，et al. Nanoscale tunable reduction of graphene oxide for graphene electronics. Science，2010，328（5984）：1373-1376.

[77] Garaj S，Hubbard W，Reina A，et al. Graphene as a subnanometre trans-electrode membrane. Nature，2010，467（7312）：190-193.

[78]　Chen B，Wang X，Zhu J，et al. Template-method synthesis of high-surface-area monolithic carbon aerogels and their applications for hydrogen and deuterium adsorption. International Journal of Nanoscience，2017，16（05n06）：1750010.

[79]　Jiang M，Li H，Zhou L，et al. Hierarchically porous graphene/ZIF-8 hybrid aerogel：preparation，CO_2 uptake capacity，and mechanical property. ACS Applied Materials & Interfaces，2018，10（1）：827-834.

[80]　Huang Z H，Zheng X，Lv W，et al. Adsorption of lead（Ⅱ）ions from aqueous solution on low-temperature exfoliated graphene nanosheets. Langmuir，2011，27（12）：7558-7562.

[81]　Bi H，Xie X，Yin K，et al. Spongy graphene as a highly efficient and recyclable sorbent for oils and organic solvents. Advanced Functional Materials，2012，22（21）：4421-4425.

[82]　Liu F，Chung S，Oh G，et al. Three-dimensional graphene oxide nanostructure for fast and efficient water-soluble dye removal. ACS Applied Materials & Interfaces，2012，4（2）：922-927.

[83]　Ghosh A，Subrahmanyam K S，Krishna K S，et al. Uptake of H_2 and CO_2 by graphene. Journal of Physical Chemistry C，2008，112（40）：15704-15707.

[84]　Srinivas G，Burress J，Yildirim T. Graphene oxide derived carbons（GODCs）：Synthesis and gas adsorption properties. Energy & Environmental Science，2012，5（4）：6453-6459.

[85]　Garcia-Bordeje E，Liu Y，Su D，et al. Hierarchically structured reactors containing nanocarbons for intensification of chemical reactions. Journal of Materials Chemistry A，2017，5（43）：22408-22441.

[86]　Pyun J. Graphene oxide as catalyst：application of carbon materials beyond nanotechnology. Angewandte Chemie International Edition，2011，50（1）：46-48.

[87]　Huang S，Wang Y，Hu J，et al. Mechanism investigation of high-performance Li-polysulfide batteries enabled by tungsten disulfide nanopetals. ACS Nano，2018，12（9）：9504-9512.

[88]　Qu L，Liu Y，Baek J B，et al. Nitrogen-doped graphene as efficient metal-free electrocatalyst for oxygen reduction in fuel cells. ACS Nano，2010，4（3）：1321-1326.

[89]　Scheuermann G M，Rumi L，Steurer P，et al. Palladium nanoparticles on graphite oxide and its functionalized graphene derivatives as highly active catalysts for the Suzuki-Miyaura coupling reaction. Journal of the American Chemical Society，2010，40（45）：8262-8270.

[90]　Liu C，Li F，Ma L P，et al. Advanced materials for energy storage. Advanced Materials，2010，22（8）：28-62.

[91]　Huang Y，Liang J，Chen Y. An overview of the applications of graphene-based materials in supercapacitors. Small，2012，8（12）：1805-1834.

[92]　Winter M，Brodd R J. What are batteries，fuel cells，and supercapacitors?. Chemical Reviews，2014，104（10）：4245-4270.

[93]　Kötz R，Carlen M. Principles and applications of electrochemical capacitors. Electrochimica Acta，2000，45（15）：2483-2498.

[94]　Simon P，Gogotsi Y. Materials for electrochemical capacitors. Nature Materials，2008，7（11）：845-854.

[95]　Miller J R，Simon P. Electrochemical capacitors for energy management. Science，2008，321（5889）：651-652.

[96]　Aricò A S，Bruce P，Scrosati B，et al. Nanostructured materials for advanced energy conversion and storage devices. Nature Materials，2005，4（5）：366-377.

[97]　Hirotomo N，Takashi K. Templated nanocarbons for energy storage. Advanced Materials，2012，24（33）：4473-4498.

[98]　Yan J，Wang Q，Wei T，et al. Supercapacitors：recent advances in design and fabrication of electrochemical

supercapacitors with high energy densities. Advanced Energy Materials，2014，4（4）：1300816.

[99] Xia J L，Chen F，Li J H，et al. Measurement of the quantum capacitance of graphene. Nature Nanotechnology，2009，4（8）：505-509.

[100] Liu C，Yu Z，Neff D，et al. Graphene-based supercapacitor with an ultrahigh energy density. Nano Letters，2010，10（12）：4863-4868.

[101] Stoller M D，Park S，Zhu Y，et al. Graphene-based ultracapacitors. Nano Letters，2008，8（10）：3498-3502.

[102] Zhao Z，Xie Y. Electrochemical supercapacitor performance of boron and nitrogen co-doped porous carbon nanowires. Journal of Power Sources，2018，400：264-276.

[103] Chen Y，Zhang X，Zhang D，et al. High performance supercapacitors based on reduced graphene oxide in aqueous and ionic liquid electrolytes. Carbon，2011，49（2）：573-580.

[104] Miller J R，Outlaw R A，Holloway B C. Graphene double-layer capacitor with ac line-filtering performance. Science，2010，329（5999）：1637-1639.

[105] Cai M，Outlaw R A，Butler S M，et al. A high density of vertically-oriented graphenes for use in electric double layer capacitors. Carbon，2012，50（15）：5481-5488.

[106] Zhu Y，Murali S，Stoller M D，et al. Carbon-based supercapacitors produced by activation of graphene. Science，2011，332（6037）：1537-1541.

[107] Gu Y J，Wen W，Wu J M. Simple air calcination affords commercial carbon cloth with high areal specific capacitance for symmetrical supercapacitors. Journal of Materials Chemistry A，2018，6（42）：21078-21086.

[108] Du Q，Zheng M，Zhang L，et al. Preparation of functionalized graphene sheets by a low-temperature thermal exfoliation approach and their electrochemical supercapacitive behaviors. Chemical Research，2010，55（12）：3897-3903.

[109] Zhang L L，Zhao X，Stoller M D，et al. Highly conductive and porous activated reduced graphene oxide films for high-power supercapacitors. Nano Letters，2012，12（4）：1806-1812.

[110] Xu B，Yue S，Sui Z，et al. What is the choice for supercapacitors：graphene or graphene oxide?. Energy & Environmental Science，2011，4（8）：2826-2830.

[111] Yan J，Liu J，Fan Z，et al. High-performance supercapacitor electrodes based on highly corrugated graphene sheets. Carbon，2012，50（6）：2179-2188.

[112] Xu Y，Li X，Hu G，et al. Graphene oxide quantum dot-derived nitrogen-enriched hybrid graphene nanosheets by simple photochemical doping for high-performance supercapacitors. Applied Surface Science，2017，422：847-855.

[113] El-Kady M F，Strong V，Dubin S，et al. Laser scribing of high-performance and flexible graphene-based electrochemical capacitors. Science，2012，335（6074）：1326-1330.

[114] Yang X，Cheng C，Wang Y，et al. Liquid-mediated dense integration of graphene materials for compact capacitive energy storage. Science，2013，341（6145）：534-537.

[115] Zhang L，Shi G. Preparation of highly conductive graphene hydrogels for fabricating supercapacitors with high rate capability. Journal of Physical Chemistry C，2011，115（34）：17206-17212.

[116] Chen C M，Zhang Q，Zhao X C，et al. Hierarchically aminated graphene honeycombs for electrochemical capacitive energy storage. Journal of Materials Chemistry，2012，22（28）：14076-14084.

[117] Li C，Li Z，Cheng Z，et al. Functional carbon nanomesh clusters. Advanced Functional Materials，2017，27（30）：1701514.

[118] Lai L，Yang H，Wang L，et al. Preparation of supercapacitor electrodes through selection of graphene surface

functionalities. ACS Nano，2012，6（7）：5941-5951.

[119] Tsai W Y，Lin R，Murali S，et al. Outstanding performance of activated graphene based supercapacitors in ionic liquid electrolyte from −50 to 80℃. Nano Energy，2013，2（3）：403-411.

[120] Zhao B，Liu P，Jiang Y，et al. Supercapacitor performances of thermally reduced graphene oxide. Journal of Power Sources，2012，198：423-427.

[121] Zheng Y，Lu S，Xu W，et al. The fabrication of graphene/polydopamine/nickel foam composite material with excellent electrochemical performance as supercapacitor electrode. Journal of Solid State Chemistry，2018，258：401-409.

[122] Karthika P，Rajalakshmi N，Dhathathreyan K S. Phosphorus-doped exfoliated graphene for supercapacitor electrodes. Journal of Nanoscience and Nanotechnology，2013，13（3）：1746-1751.

[123] Zhang L，Zhang F，Yang X，et al. Porous 3D graphene-based bulk materials with exceptional high surface area and excellent conductivity for supercapacitors. Scientific Reports，2013，3（3）：1408.

[124] Ji C C，Xu M W，Bao S J，et al. Self-assembly of three-dimensional interconnected graphene-based aerogels and its application in supercapacitors. Journal of Colloid & Interface Science，2013，407（10）：416-424.

[125] Lee J H，Park N，Kim B G，et al. Restacking-inhibited 3D reduced graphene oxide for high performance supercapacitor electrodes. ACS Nano，2013，7（10）：9366-9374.

[126] Li Y，Yu J，Chen S，et al. Fe_3O_4/functional exfoliation graphene on carbon paper nanocomposites for supercapacitor electrode. Ionics，2017，（40）：1-8.

[127] Jeong H M，Lee J W，Shin W H，et al. Nitrogen-doped graphene for high-performance ultracapacitors and the importance of nitrogen-doped sites at basal planes. Nano Letters，2011，11（6）：2472-2477.

[128] Su F Y，You C H，He Y B，et al. Flexible and planar graphene conductive additives for lithium-ion batteries. Journal of Materials Chemistry，2010，20（43）：9644-9650.

[129] Yoo E，Kim J，Hosono E，et al. Large reversible Li storage of graphene nanosheet families for use in rechargeable lithium ion batteries. Nano Letters，2008，8（8）：2277-2282.

[130] Paek S M，Yoo E J，Honma I. Enhanced cyclic performance and lithium storage capacity of SnO_2/graphene nanoporous electrodes with three-dimensionally delaminated flexible structure. Nano Letters，2009，9（1）：72-75.

[131] Wu Z S，Ren W，Wen L，et al. Graphene anchored with Co_3O_4 nanoparticles as anode of lithium ion batteries with enhanced reversible capacity and cyclic performance. ACS Nano，2010，4（6）：3187-3194.

[132] Luo B，Wang B，Li X，et al. Graphene-confined Sn nanosheets with enhanced lithium storage capability. Advanced Materials，2012，24（26）：3538-3543.

[133] Li N，Chen Z，Ren W，et al. Flexible graphene-based lithium ion batteries with ultrafast charge and discharge rates. Proceedings of the National Academy of Sciences ，2012，109（43）：17360-17365.

[134] Wassei J K，Kaner R B. Oh，the places you'll go with graphene. Accounts of Chemical Research，2013，46（10）：2244-2253.

[135] Bae S，Kim H，Lee Y，et al. Roll-to-roll production of 30-inch graphene films for transparent electrodes. Nature Nanotechnology，2010，5（8）：574-578.

[136] Schedin F，Geim A，Morozov S，et al. Detection of individual gas molecules adsorbed on graphene. Nature Materials，2007，6（9）：652-655.

[137] Fowler J D，Allen M J，Tung V C，et al. Practical chemical sensors from chemically derived graphene. ACS Nano，2009，3（2）：301-306.

[138] Kim H W, Yoon H W, Yoon S M, et al. Selective gas transport through few-layered graphene and graphene oxide membranes. Science, 2013, 342（6154）：91-95.

[139] Li H, Song Z, Zhang X, et al. Ultrathin, molecular-sieving graphene oxide membranes for selective hydrogen separation. Science, 2013, 342（6154）：95-98.

[140] Joshi R, Carbone P, Wang F C, et al. Precise and ultrafast molecular sieving through graphene oxide membranes. Science, 2014, 343（6172）：752-754.

[141] Wang X, Wang C, Qu K, et al. Ultrasensitive and selective detection of a prognostic indicator in early-stage cancer using graphene oxide and carbon nanotubes. Advanced Functional Materials, 2010, 20(22)：3967-3971.

[142] Yang X, Zhu J, Qiu L, et al. Bioinspired effective prevention of restacking in multilayered graphene films：towards the next generation of high-performance supercapacitors. Advanced Materials, 2011, 23（25）：2833-2838.

[143] Bai H, Li C, Shi G. Functional composite materials based on chemically converted graphene. Advanced Materials, 2015, 23（9）：1089-1115.

[144] Xu Z, Zhang Y, Li P, et al. Strong, conductive, lightweight, neat graphene aerogel fibers with aligned pores. ACS Nano, 2012, 6（8）：7103-7113.

[145] Guo X, Bai N, Tian Y, et al. Free-standing reduced graphene oxide/polypyrrole films with enhanced electrochemical performance for flexible supercapacitors. Journal of Power Sources, 2018, 408：51-57.

[146] Brownson D A C, Kampouris D K, Banks C E. An overview of graphene in energy production and storage applications. Journal of Power Sources, 2011, 196（11）：4873-4885.

[147] Wu Z S, Tan Y Z, Zheng S, et al. Bottom-up fabrication of sulfur-doped graphene films derived from sulfur-annulated nanographene for ultrahig volumetric capacitance micro-supercapacitors. Journal of the American Chemical Society, 2017, 139（12）：4506-4512.

[148] Su D. Macroporous 'bubble' graphene film via template-directed ordered-assembly for high rate supercapacitors. Chemical Communications, 2012, 48（57）：7149-7151.

[149] Du J, Zheng C, Lv W, et al. A three-layer all-in-one flexible graphene film used as an integrated supercapacitor. Advanced Materials Interfaces, 2017, 4（11）：2196-7350.

[150] Li Z, Mi Y, Liu X, et al. Flexible graphene/MnO_2 composite papers for supercapacitor electrodes. Journal of Materials Chemistry, 2011, 21（38）：14706-14711.

[151] Xia X, Tu J, Mai Y, et al. Graphene sheet/porous NiO hybrid film for supercapacitor applications. Chemistry–A European Journal, 2011, 17（39）：10898-10905.

[152] Tong Z, Yang Y, Wang J, et al. Layered polyaniline/graphene film from sandwich-structured polyaniline/graphene/polyaniline nanosheets for high-performance pseudosupercapacitors. Journal of Materials Chemistry A, 2014, 2（13）：4642-4651.

[153] Chen S, Duan J, Ran J, et al. N-doped graphene film-confined nickel nanoparticles as a highly efficient three-dimensional oxygen evolution electrocatalyst. Energy and Environmental Science, 2013, 6（12）：3693-3699.

[154] Jeon I Y, Yu D, Bae S Y, et al. Formation of large-area nitrogen-doped graphene film prepared from simple solution casting of edge-selectively functionalized graphite and its electrocatalytic activity. Chemistry of Materials, 2011, 36（17）：3987-3992.

[155] Chandra V, Park J, Chun Y, et al. Water-dispersible magnetite-reduced graphene oxide composites for arsenic removal. ACS Nano, 2010, 4（7）：3979-3986.

[156] Hu M，Mi B. Enabling graphene oxide nanosheets as water separation membranes. Environmental Science & Technology，2013，47（8）：3715-3723.

[157] Sun P，Zhu M，Wang K，et al. Selective ion penetration of graphene oxide membranes. ACS Nano，2013，7（1）：428-437.

[158] Yang S J，Kang J H，Jung H，et al. Preparation of a freestanding，macroporous reduced graphene oxide film as an efficient and recyclable sorbent for oils and organic solvents. Journal of Materials Chemistry A，2013，1（33）：9427-9432.

[159] Du H，Li J，Zhang J，et al. Separation of hydrogen and nitrogen gases with porous graphene membrane. Journal of Physical Chemistry C，2011，115（47）：23261-23266.

[160] Shan M，Xue Q，Jing N，et al. Influence of chemical functionalization on the CO_2/N_2 separation performance of porous graphene membranes. Nanoscale，2012，4（17）：5477-5482.

[161] Xu Y，Sheng K，Li C，et al. Self-assembled graphene hydrogel via a one-step hydrothermal process. ACS Nano，2010，4（7）：4324-4330.

[162] Sun Y，Wu Q，Shi G. Supercapacitors based on self-assembled graphene organogel. Physical Chemistry Chemical Physics，2011，13（38）：17249-17254.

[163] Tao Y，Xie X，Lv W，et al. Towards ultrahigh volumetric capacitance：graphene derived highly dense but porous carbons for supercapacitors. Scientific Reports，2013，3（7471）：2975.

[164] Hsieh C T，Teng H. Influence of oxygen treatment on electric double-layer capacitance of activated carbon fabrics. Carbon，2002，40（5）：667-674.

[165] Sui Z Y，Meng Y N，Xiao P W，et al. Nitrogen-doped graphene aerogels as efficient supercapacitor electrodes and gas adsorbents. ACS Applied Materials & Interfaces，2015，7（3）：1431-1438.

[166] Kawaguchi M，Itoh A，Yagi S，et al. Preparation and characterization of carbonaceous materials containing nitrogen as electrochemical capacitor. Journal of Power Sources，2007，172（1）：481-486.

[167] Dong X C，Xu H，Wang X W，et al. 3D graphene-cobalt oxide electrode for high-performance supercapacitor and enzymeless glucose detection. ACS Nano，2012，6（4）：3206-3213.

[168] Wu Z S，Yang S，Sun Y，et al. 3D nitrogen-doped graphene aerogel-supported Fe_3O_4 nanoparticles as efficient electrocatalysts for the oxygen reduction reaction. Journal of the American Chemical Society，2012，134（22）：9082-9085.

[169] Ren L，Hui K S，Hui K N. Self-assembled free-standing three-dimensional nickel nanoparticle/graphene aerogel for direct ethanol fuel cells. Journal of Materials Chemistry A，2013，1（18）：5689-5694.

[170] Yin H，Zhang C，Liu F，et al. Doped graphene：hybrid of iron nitride and nitrogen-doped graphene aerogel as synergistic catalyst for oxygen reduction reaction. Advanced Functional Materials，2014，24（20）：2929-2937.

[171] Su Y，Zhang Y，Zhuang X，et al. Low-temperature synthesis of nitrogen/sulfur co-doped three-dimensional graphene frameworks as efficient metal-free electrocatalyst for oxygen reduction reaction. Carbon，2013，62（5）：296-301.

[172] Li Y，Zhang R，Tian X，et al. Facile synthesis of Fe_3O_4 nanoparticles decorated on 3D graphene aerogels as broad-spectrum sorbents for water treatment. Applied Surface Science，2016，369：11-18.

[173] Kong D，Zheng X，Tao Y，et al. Porous graphene oxide-based carbon artefact with high capacity for methylene blue adsorption. Adsorption-Journal of the International Adsorption Society，2016，22（8）：1043-1050.

[174] Lee B，Lee S，Lee M，et al. Carbon nanotube-bonded graphene hybrid aerogels and their application to water purification. Nanoscale，2015，7（15）：6782-6789.

[175] Hu H，Zhao Z，Gogotsi Y，et al. Compressible carbon nanotube–graphene hybrid aerogels with superhydrophobicity and superoleophilicity for oil sorption. Environmental Science & Technology Letters，2014，1（3）：214-220.

[176] Li H，Tao Y，Zheng X，et al. Compressed porous graphene particles for use as supercapacitor electrodes with excellent volumetric performance. Nanoscale，2015，7（44）：18459-18463.

[177] Li H，Tao Y，Zheng X，et al. Ultra-thick graphene bulk supercapacitor electrodes for compact energy storage. Energy & Environmental Science，2016，9（10）：3135-3142.

[178] Xu Y，Tao Y，Zheng X，et al. Supercapacitors：a metal-free supercapacitor electrode material with a record high volumetric capacitance over 800 $F \cdot cm^{-3}$. Advanced Materials，2016，27（48）：7898-7898.

[179] Kim T Y，Lee H W，Stoller M，et al. High-performance supercapacitors based on poly（ionic liquid）-modified graphene electrodes. ACS Nano，2011，5（1）：436-442.

[180] Meng C，Liu C，Chen L，et al. Highly flexible and all-solid-state paperlike polymer supercapacitors. Nano Letters，2010，10（10）：4025-4031.

[181] Amatucci G G，Badway F，Du Pasquier A，et al. An asymmetric hybrid nonaqueous energy storage cell. Journal of the Electrochemical Society，2001，148（8）：930-939.

[182] Jang B Z，Liu C，Neff D，et al. Graphene surface-enabled lithium ion-exchanging cells：next-generation high-power energy storage devices. Nano Letters，2011，11（9）：3785-3791.

第8章

展　望

8.1　石墨烯发展历程中的几点思考

8.1.1　化学剥离制备石墨烯——导电性和功能性的平衡

化学剥离法是大规模制备石墨烯粉体材料最有前景的方法[1]。其前驱体通常是通过对石墨进行强氧化处理获得的氧化石墨，相较于石墨，它的表面及边缘存在丰富的含氧官能团，因此在剥离还原的过程中，所得石墨烯材料具有一定浓度的缺陷，从而导致化学剥离所得石墨烯材料的导电性较石墨烯的理论数值具有较大差距[2]。从这个角度上看，化学剥离所得石墨烯结构不完美。然而，正是由于缺陷的存在，通过化学剥离得到的石墨烯材料可能具有一些特殊的性质和应用场景。例如：利用低温负压解理方法可以制备出兼具导电性和良好润湿性的功能化石墨烯[3]，用于锂离子电池导电剂，具有良好的分散特性，又可以构筑"面-点"高效导电网络，大幅减少了碳基导电剂的用量，已经表现出良好的产业化前景[4]。相较于完美晶形的石墨烯，化学剥离石墨烯拥有更多的活性位点，可以构建多样的二次结构，从而在储能、催化等领域具有广阔的应用前景[5]。

8.1.2　氧化石墨烯——不是一种可有可无的材料

氧化石墨烯是制备石墨烯的前驱体和重要的衍生物。其表面有大量含氧官能团，具有丰富的化学性质和终产物可能性[6]。含氧官能团赋予了其良好的亲水性，碳原子共轭网络又使它保留了石墨烯的疏水特性。因此，氧化石墨烯是二维的双亲分子，其独特的柔性片层结构又赋予它"软材料"的特性。相比于石墨烯，氧化石墨烯更加"多姿多彩"[7]，不仅可以实现很多石墨烯无法实现的功能，还可以通过界面组装构建更为复杂的微纳结构，进一步通过还原实现石墨烯基二次结构的构建。例如，可以通过水合肼和氨水的共同作用，在低温还原之后获得不需任何其他分散剂辅助即可分散于水相的石墨烯分散液，这为大规模制备可分散石墨烯材料提供了可行方案，也为后续其在生物医药、电子器件等方面的应用提供了可能[8]。双亲特征使得氧化石墨烯可以作为一种特殊的片状表面活性剂；其各向异性和巨大的宽高比使其水溶液展现出明显的双折射性质，是一种典型的二维溶致液晶分子[7]；通过阳离子修饰，可以在亚纳米尺度对氧化石墨烯膜层间距进行精确调控，实现对水分子和水合离子的选择性过滤，显示出在海水淡化等领域的巨大应用前景，也为其他二维材料在分离膜领域的研究开辟了新思路[9]。总之，作为与石墨烯相伴而生的材料，氧化石墨烯已经显示出其巨大应用潜力。氧化石墨烯，不是一种可有可无的材料。

8.1.3 界面组装——碳功能材料制备的新策略

宏观组装体是体现石墨烯优异性能的重要载体。成会明院士团队利用 CVD 技术制备了具有三维网络骨架结构的无支撑石墨烯泡沫结构，在储能、吸附等领域展现了巨大的应用潜力，也为石墨烯从二维材料到三维组装体的应用打开了新的思路[10]。氧化石墨烯的液相界面组装则从另外的思路实现了石墨烯的宏观组装。在碳材料的传统制备过程中，科研工作者更多关注固相、液相或者气相的体相反应，而忽略了界面反应。巧用氧化石墨烯的双亲特性，利用其在液/气、液/液、液/固界面组装，可以构建新型的微纳碳结构，从而得到传统制备方法无法获得的新型碳材料[11]。对于水热方法获得的氧化石墨烯水凝胶，调控所含水分的脱除过程，可以获得不同微纳结构的碳材料[12, 13]。与传统的碳材料制备技术——固相碳化、气相沉积相比，液相组装获得的薄膜和三维凝胶结构中富含水分或其他溶剂，调控脱除的溶剂与碳片层的作用力，可以获得介观织构精确可控的碳材料。比如：采用冷冻干燥脱除石墨烯水凝胶的水分，由于冰升华过程中与碳片层作用力很小，水凝胶中的石墨烯三维网络可以很好地保留下来，从而获得超轻的碳气凝胶[14]。而采用毛细干燥技术，利用水分子脱除过程中与石墨烯片层的毛细作用力，拉动石墨烯三维网络致密收缩，最终获得兼具高密度和多孔的高密多孔碳。这种策略解决了传统碳材料"孔"和"密"不可兼得的矛盾，解决了纳米材料用于致密储能的实用化瓶颈，有效提升了电化学储能器件的体积性能[15]。总之，与固相碳化、气相沉积类似，基于表、界面和胶体化学的石墨烯液相组装已成为制备碳材料的重要策略。

8.2 ▶ 梦想照进现实——石墨烯的规模化制备和产业化推进

石墨烯在 2004 年被成功剥离之后，便迅速在全球掀起研究热潮，这主要得益于其优异独特的物理化学特性，以及巨大应用前景和引发产业技术革命的可能性[16]。从石墨层状结构被揭示到石墨烯成功被剥离制备，是科学界历经近一个世纪的

"追梦之旅"；而石墨烯规模化制备和应用，则是产业界正在践行的第二次"追梦之旅"，是一个梦想照进现实的过程[17]。

目前，石墨烯的制备方法主要有机械剥离法[18]、外延晶体生长法[19]、化学气相沉积法[20]、氧化石墨的热剥离[21]、化学还原法[22]等。化学气相沉积法可以实现高质量、低缺陷石墨烯的大规模生产[23]。韩国三星电子是最早开发石墨烯薄膜量产技术的公司，其在 2010 年与韩国成均馆大学共同宣布，采用 CVD 法制备出了 30 英寸的单层石墨烯薄膜，可以保持透光率约 90%，薄膜电阻降至约 30 Ω/sq[24]。北京石墨烯研究院则采用常压化学气相沉积方法，可实现单批次 25 片 4 英寸石墨烯单晶晶圆的制备，在世界范围内率先实现了石墨烯单晶晶圆的规模化制备[25]。另一方面，化学剥离法因其方法简单、过程可控、成本低廉、工艺稳定等特点，是现今低成本宏量制备石墨烯材料最有前景的方法之一，可以用于容忍少量缺陷，甚至利用缺陷的某些应用领域，如储能以及催化领域。

作为一种性能优异的新材料，石墨烯在电子、医学、油墨涂料、散热、复合材料、纺织、航空航天、储能等领域具有非常广阔的应用前景[26, 27]，同时石墨烯对改造提升传统产业、强化创新驱动、促经济稳增长、调结构增效益具有重要的战略意义。目前，世界上众多国家均把发展石墨烯相关产业上升到国家战略的高度[28]。欧盟启动了"石墨烯旗舰计划"，并将其列入欧盟战略层面；英国在积极参与"石墨烯旗舰计划"的同时，建立了石墨烯研究院；美国、韩国和日本则通过支持大企业开展石墨烯核心技术研发，实现战略布局；澳大利亚通过支持高校建立研发平台，来推动石墨烯相关的研发工作。我国近年来也对石墨烯产业非常支持，出台了一系列产业政策：2011 年，首次明确提出支持石墨烯产业发展；2013 年，成立了"中国石墨烯产业技术创新战略联盟"；2015 年，工业和信息化部、发展改革委、科技部三部委联合发布的《关于加快石墨烯产业创新发展的若干意见》中明确将石墨烯产业定位为先导产业；2016 年 3 月，明确提出将以石墨烯为代表的新材料产业列入《"十三五"国家战略性新兴产业发展规划》；2016 年 12 月，国家新材料产业发展领导小组成立，同年确立国家创新驱动发展战略地位；2017 年 5 月，科技部发布"十三五"材料领域科技创新专项规划，其将石墨烯碳材料方面技术列入重点发展领域。目前，我国已经形成以北京、江苏、广东、浙江为中心的石墨烯创新集群。特别是 2018 年 10 月正式揭牌的北京石墨烯研究院（BGI），瞄准未来石墨烯产业，志在打造引领世界的石墨烯新材料研发高地和创新创业基地，推动中国石墨烯产业健康、快速发展。

尽管我国石墨烯产业近几年得到了飞速发展，但总体和世界范围内所面临的问题一样，还处于概念导入期、产业化突破前期。石墨烯能否实现快速地产业化推进，还需从以下几个方面着手：

1. 布局核心技术，突破石墨烯杀手锏应用

我国石墨烯产业已具备了很大的初速度，在基础研究和技术创新上取得了卓越的成绩，出现了一系列具有国际影响力的领军科学家、石墨烯研发平台以及众多企业。我国石墨烯论文和专利数量已远超美国，位居全球首位。但是，在基础研究和技术原创性方面仍有很长的路要走。比如：我国石墨烯专利数量位居全球首位，但在世界范围内的专利布局相对薄弱，专利质量总体不高，缺乏涉及原材料及制备工艺的基础核心专利。特别在电子信息、生物医药、节能环保等战略高技术领域方面，石墨烯技术专利基本上已经被美、欧、韩、日所垄断。我国政府应在石墨烯发展整体布局上做出清晰、统一的远景规划，聚焦高质量石墨烯制备技术的研发和"杀手锏"应用的突破，在具体实施上做到循序渐进、重点突破，在未来高技术竞争的战略制高点占据主动位置。刘忠范院士表示：未来的石墨烯产业将建立在石墨烯材料的"杀手锏级"应用基础上，而不是仅仅作为"万金油式"的添加剂；建议打造"研发代工"新模式，开展一对一的"异地"研发服务，实现从基础研究到产业化落地的无缝衔接。

2. 创新多维度联动新模式，精心培育和快速发展石墨烯产业

石墨烯是全新的产业，其快速发展不走老路，创新产-学-研-金-介-用协同联动新模式，通过企业、高校及科研机构、金融机构、科技中介机构等相互配合，集中各自优势资源，形成集生产、研究、开发、应用、推广和管理一体化的高效系统。在运行过程中发挥金融的核心纽带作用，围绕企业技术需求，依托高校院所特色优势，由龙头企业牵头，充分调动社会资本、中介机构参与，联合组建一批企业主导的产业技术创新战略联盟，着力推动全方位、多层次、可持续的合作，提高石墨烯产业链从实验成果到实际应用的整体效率，降低转化成本。

3. 坚持标准先行，为石墨烯产业健康发展保驾护航

2017 年 10 月，由英国国家物理实验室（NPL）领导制定的世界上第一个 ISO 石墨烯标准出版。该标准定义了用于描述不同形式的石墨烯和相关二维材料的术语，并为石墨烯的测试和验证提供了可执行的依据和标准。同期，英国石墨烯公司 Directa Plus 和意大利的 University of Insubria 也主导制定了石墨烯生产标准流程。在中国，2017 年 2 月中国石墨烯国家标准提案立项研讨会在无锡石墨烯产业发展示范区召开，国内的石墨烯专家们就石墨烯检测与表征、通用基础、安全、产品等多项标准立项提案进行了探讨。

标准先行，实现石墨烯新兴产业健康高效发展。应进一步加强石墨烯计量技术研究，加大计量基础设施建设投入，加强技术及应用数据统计，推动石墨烯材

料标准出台，健全质量标准体系。依托现有国家级检测机构，建设石墨烯产品质量检测平台，规范行业秩序，促进产业健康发展。同时积极开展国际合作交流，参与石墨烯国际标准制定，促进成果和经验分享，提升我国石墨烯产业的话语权和影响力，引领世界石墨烯产业的发展。

4. 坚持区域差异化发展，"全国一盘棋"推进石墨烯产业做大做强

石墨烯产业要全国一盘棋，建立国家层面的产业发展规划。围绕以北京、江苏、广东、浙江等为中心的石墨烯创新集群，因地制宜，结合本地区位优势、资源优势、产业优势和科技优势，在先进能源、航空航天、可穿戴电子、传感器件、微纳电子、生物医药、节能环保等前沿领域，因地制宜选择最有基础和条件的领域作为突破口。同时，还应综合考虑石墨烯产业基础、研发资源、配套能力和市场条件，鼓励优势地区加快发展，建设若干个企业集聚程度高、特色鲜明、功能突出、影响力大的石墨烯产业高地。

石墨烯作为一种新型功能材料正走进千家万户，但"路漫漫其修远兮"，产业化之路还困难重重，通过学术同行和企业界人士协力同心的上下求索，坚持做"传统碳做不好"和"传统碳做不了"的事情，随着杀手锏应用的逐渐涌现，其大规模应用必将"梦想照进现实"[16, 29]！

参 考 文 献

[1] Chua C K，Pumera M. Chemical reduction of graphene oxide: a synthetic chemistry viewpoint. Chemical Society Reviews，2014，43（1）: 291-312.

[2] Zhu Y，Murali S，Cai W，et al. Graphene and graphene oxide: synthesis，properties，and applications. Advanced Materials，2010，22（35）: 3906-3924.

[3] Lv W，Tang D M，He Y B，et al. Low-temperature exfoliated graphenes: vacuum-promoted exfoliation and electrochemical energy storage. ACS Nano 2009，3（11）: 3730-3736.

[4] Su F Y，You C，He Y B，et al. Flexible and planar graphene conductive additives for lithium-ion batteries. Journal of Materials Chemistry，2010，20（43）: 9644-9650.

[5] Chen D，Feng H B，Li J H. Graphene oxide: preparation，functionalization，and electrochemical applications. Chemical Reviews，2012，112（11）: 6027-6053.

[6] Dreyer D R，Park S，Bielawski C W，et al. The chemistry of graphene oxide. Chemical Society Reviews，2010，39（1）: 228-240.

[7] Kim J，Cote L J，Huang J. Two dimensional soft material: new faces of graphene oxide. Accounts of Chemical Research，2012，45（8）: 1356-1364.

[8] Li D，Muller M B，Gilje S，et al. Processable aqueous dispersions of graphene nanosheets. Nature Nanotechnology，2008，3（2）: 101-105.

[9] Li H，Song Z，Zhang X，et al. Ultrathin，molecular-sieving graphene oxide membranes for selective hydrogen separation. Science，2013，342（6154）: 95-98.

[10] Chen Z，Ren W，Gao L，et al. Three-dimensional flexible and conductive interconnected graphene networks grown

by chemical vapor deposition. Nature Materials，2011，10（6）：424-428.

[11] Shao J J，Lv W，Yang Q H. Self-assembly of graphene oxide at interfaces. Advanced Materials，2014，26（32）：5586-5612.

[12] Lv W，Li Z，Zhou G，et al. Tailoring microstructure of graphene-based membrane by controlled removal of trapped water inspired by the phase diagram. Advanced Functional Materials，2014，24（22）：3456-3463.

[13] 陶莹，杨全红. 石墨烯的组装和织构调控：碳功能材料的液相制备方法. 科学通报，2014，59（33）：3293-3305.

[14] Sun H，Xu Z，Gao C. Multifunctional，ultra-flyweight，synergistically assembled carbon aerogels. Advanced Materials，2013，25（18）：2632-2632.

[15] Tao Y，Xie X，Lv W，et al. Towards ultrahigh volumetric capacitance：graphene derived highly dense but porous carbons for supercapacitors. Scientific Reports，2013，3：2975.

[16] Geim A K，Novoselov K S. The rise of graphene//Peter R.Nanoscience and Technology：A Collection of Reviews from Nature Journals. Singapore：Nature Pub. Group，2010：11-19.

[17] 杨全红. 梦想如何照进现实. 人民日报，2015-2-26（23）.

[18] Yi M，Shen Z. A review on mechanical exfoliation for the scalable production of graphene. Journal of Materials Chemistry A，2015，3（22）：11700-11715.

[19] Yang W，Chen G，Shi Z，et al. Epitaxial growth of single-domain graphene on hexagonal boron nitride. Nature Materials，2013，12（9）：792.

[20] Zheng S，Zeng M，Cao H，et al. Insight into the rapid growth of graphene single crystals on liquid metal via chemical vapor deposition. Science China Materials，2019，62（8）：1087-1095.

[21] Zhang C，Lv W，Xie X，et al. Towards low temperature thermal exfoliation of graphite oxide for graphene production. Carbon，2013，62：11-24.

[22] Park S，An J，Potts J R，et al. Hydrazine-reduction of graphite- and graphene oxide. Carbon，2011，49（9）：3019-3023.

[23] Li X，Colombo L，Ruoff R S. Synthesis of graphene films on copper foils by chemical vapor deposition. Advanced Materials，2016，28（29）：6247-6252.

[24] Bae S，Kim H，Lee Y，et al. Roll-to-roll production of 30-inch graphene films for transparent electrodes. Nature Nanotechnology，2010，5：574-578.

[25] Deng B，Xin Z，Xue R，et al. Scalable and ultrafast epitaxial growth of single-crystal graphene wafers for electrically tunable liquid-crystal microlens arrays. Science Bulletin，2019，64（19）：659-668.

[26] Tung T T，Nine M J，Krebsz M，et al. Recent advances in sensing applications of graphene assemblies and their composites. Advanced Functional Materials，2017，27（46）：1702891.

[27] Lv W，Li Z，Deng Y，et al. Graphene-based materials for electrochemical energy storage devices：opportunities and challenges. Energy Storage Materials，2016，2：107-138.

[28] 吕伟，杨全红. 全球涌动石墨烯热. 人民日报，2015-2-26（23）.

[29] 杨全红. "梦想照进现实"——从富勒烯、碳纳米管到石墨烯. 新型炭材料，2011，26（1）：1-4.

关键词索引